코코지니의 친절한 재봉틀 교실

기초부터 차근차근!

초보자를 위한

실용 생활 소품 34가지 만들기

코코지니의 친절한 재봉틀 교실

유진희 지음

이덴슬리벨

Prologue

내 손으로 만드는 기쁨

재봉틀은 흔하지 않은 취미 중의 하나이다. 어느 모임에 가도 내가 하는 일을 밝히면 관심과 질문이 쏟아진다. 대부분 '신기하다', '특이하다'고 하는데 그중엔 이런 반응도 간혹 있다. "나도 재봉틀을 하고 싶은데 어떻게 시작해야 할지 모르겠어요.", "한번 해 볼까 생각만 몇 년째 하고 있는데… 부러워요. 어떻게 재봉틀을 시작하게 되었나요?" 하는 이야기들.

나 역시 내가 재봉틀로 무언가를 만들고 가르치는 일을 업으로 삼게 될 줄 몰랐다. 재밌을 것 같아 별생각 없이 시작한 일이 시간이 지나면서 이렇게 되었다. 어릴 때부터 유난히 무언가 만드는 걸 좋아했던 나는 막연히 재봉틀을 한번 돌려보고 싶었다. 도로록 도로록 소리를 내며 돌아가는 기계음도 신기했고 쓸모 있는 물건을 빨리 만들 수 있다는 것도 참 매력 있게 느껴졌다.

학생 때 용돈을 모아 낡은 재봉틀을 하나 구입하고 혼자 궁리하면서 이것저것 만들어 본 게 나와 재봉틀의 첫 만남이었다. 당시는 배울 곳이 마땅치 않아 독학으로 터득했는데 삐뚤빼뚤 어설펐지만 직접 만든 커튼, 쿠션 커버 등은 제법 그럴싸해 보였다. 가족과 친구들은 신기해하며 칭찬을 해 주었고 나는 직접 만든 소품을 여기저기 선물하면서 받는 사람이 기뻐하는 모습을 보고 더욱 보람을 느끼며 덩달아 신이 났다. 이에 큰 재미를 느끼고 더 열심히 각종 소품을 만들고 또 새로 배워보기도 하다가 여기까지 오게 되었다.

재봉틀은 특별한 재주를 가진 사람들만 하는 것이 아니다. 기계를 다뤄야 하지만 어렵거나 위험하지도 않고 누구나 쉽게 시작할 수 있으며 기초만 차근히 잘 익힌다면 얼마든지 응용하여 다양한 작품을 만들 수 있다.

길을 가다 예쁜 것을 보면 직접 만들어 보고 싶은 생각이 들거나, 소중한 사람에게 직접 만든 선물로 정성을 전하고 싶다거나, 무언가에 몰입하면서 소확행을 느끼고 싶다면 재봉틀을 배우는 걸 추천한다. 생각보다 더 큰 재미와 행복을 느낄 수 있는 취미이며, 나아가 평생 즐길 수 있는 취미를 갖는다는 것 또한 큰 축복이다.

《코코지니의 친절한 재봉틀 교실》은 쉬운 작품부터 차근히 만들어 볼 수 있게 구성하였다. 만드는 방법도 자세히 작성하면서 특히 패턴에 정성을 많이 들였다. 초보자에게는 정확하고 검증된 패턴이 필요하기 때문이다. 내가 만들었던 많은 소품과 가방 중에 쉽고 실용적이면서 정확한 패턴만을 선별해 담았다. 더 많은 작품을 제공하고 싶었지만 한정된 지면 때문에 담지 못한 것은 책 사이사이에 응용 사이즈로 첨부하여 최대한 넣고자 하였다. 더불어 꽤 난이도가 높은 작품도 일부 담았으니 중급 이상의 독자에게도 재미있고 유용한 책이 될 것이라 생각한다.

이 책을 통해 만드는 기쁨과 주는 기쁨을 많은 분이 느꼈으면 하는 바람이다.

코코지니 유진희

Contents

PART 2_소잉 소품 만들기

I 주방용 소품

HANDMADE

Ⅲ 휴대용 소품

Ⅳ 가방

SINGER

PART 1

소잉 시작하기

SEWING PATTERN

I

소품 만들기 전에 알아야 할 것들

1

재봉틀 종류

재봉틀은 크게 공업용과 가정용으로 나뉘며, 이 책에서는 가정용 재봉틀을 다룬다. 가정용 재봉틀도 전동식 기본 재봉틀, 전자식 컴퓨터 재봉틀, 자수 재봉틀, 오버로크 재봉틀, 커버스티치 등 수준별, 용도별로 종류가 다양하다.

재봉틀 부품 명칭

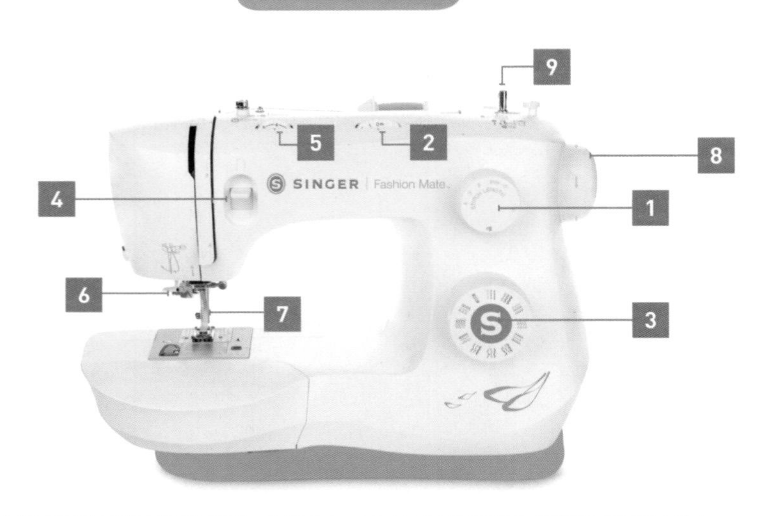

* 재봉틀은 다양한 모델이 있지만 원리는 다 똑같다. 그러므로 각 부품의 역할, 사용법은 거의 비슷하다.

1 땀수 조절 다이얼 : 바늘땀의 간격을 조절한다. 숫자가 작으면 촘촘하게, 숫자가 크면 성글게 재봉된다.

2 땀폭 조절 다이얼 : 바늘땀의 좌우 폭을 조절한다. 직선 박기 외에 무늬가 있는 스티치를 놓을 때 사용한다.

3 패턴 선택 다이얼 : 원하는 무늬로 맞추거나 땀의 길이, 간격 등을 추가로 조절할 때 사용한다. 직선·지그재그·오버로크 패턴 등 제품에서 지원하는 바느질 패턴을 선택할 수 있다.

4 후진 버튼 : 재봉 방향을 반대로 바꾸어 준다. 재봉 시작과 끝에 되돌아 박기로 매듭질 때 주로 사용한다.

5 장력 조절 다이얼 : 실의 장력(당기는 힘)을 조절하여 바느질 땀이 곧게 나올 수 있도록 조절해 준다.

6 윗실 자동 끼우기 : 윗실을 바늘구멍에 끼울 때 도움을 주는 장치이다.

7 노루발 : 바늘이 오르내릴 때 톱니 위에 원단을 고정해 준다.

8 풀리(핸드휠) : 재봉틀을 손으로 작동시키는 장치이다. 주로 바늘 위치를 조정하고 싶을 때 앞쪽으로 돌려 사용한다.

9 밑실감기 장치 : 밑실을 감을 때 보빈(실토리)을 끼워 주는 곳이다.

상위 모델의 추가 기능 알기

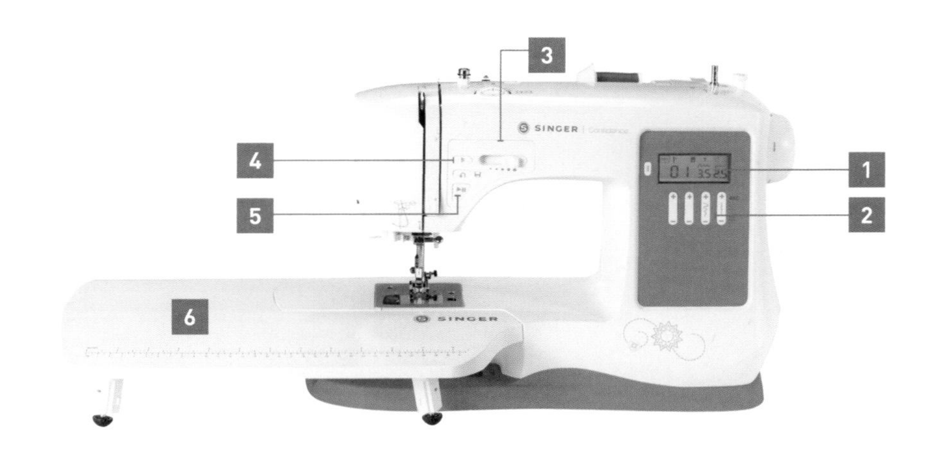

1 LCD 표시창 : 스티치 번호, 바늘땀 길이 및 폭 등 현재 재봉틀 세팅 상태를 보여 준다.

2 패턴 선택 버튼 : 패턴 선택 및 바늘땀 길이와 폭을 디지털로 조절한다.

3 속도 조절 버튼 : 바느질 속도를 조절할 수 있어서 초보에게 좋은 기능이다.

4 바늘 상하 위치 조절 버튼 : 버튼을 눌러서 바늘을 위로 올리거나 아래로 내릴 수 있다. 바느질 도중 페달을 아무 때나 멈추어도 항상 바늘이 꽂힌 상태에서 정지하게 세팅할 수 있어서 좋다.

5 시작, 멈춤 버튼 : 발판을 밟지 않고 재봉틀을 작동시킬 수 있다. (일반 기계의 Play, Stop 버튼과 같다.)

6 확장 테이블 : 부피가 큰 원단을 펼쳐 놓고 재봉할 때 사용한다.

오버로크

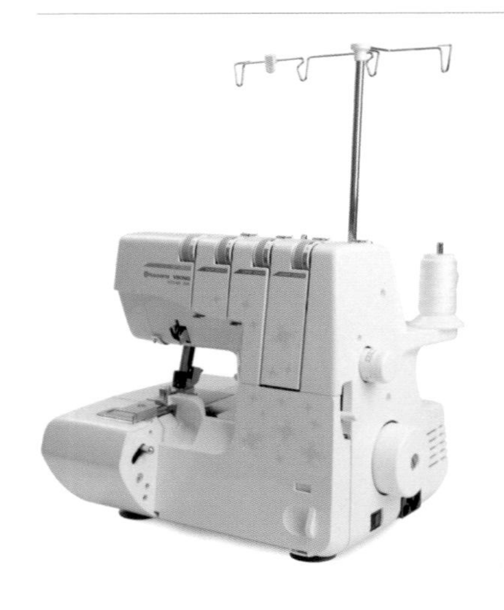

'휘갑치기'라고도 하며 원단 가장자리 올이 풀리지 않게 꿰매는 방법을 말한다. 최대 4개의 바늘로 원단 가장자리를 감싸 주어 바느질이 튼튼하게 되며 마감을 깔끔하게 해 준다. 원단 커팅도 동시도 할 수 있어 편리하다. 오버로크 전용 기계가 없을 경우 일반 재봉틀에서 스티치 무늬를 오버로크 모양으로 놓고 재봉하면 비슷한 효과를 낼 수 있다.

SINGER

2
재봉틀 기본 사용법

재봉틀 사용 시 기본으로 알아야 하는 실 끼우기 방법과 세팅하는 법, 관리 방법에 대해 설명한다.

실 끼우기

가장 기본은 밑실과 윗실 끼우기이다. 재봉틀 기종마다 조금씩 차이는 있으나 실을 끼우는 순서와 원리는 같으므로 아래 글을 보며 실 끼우는 방법을 익혀 보자. 밑실 끼우기는 크게 두 단계로 나뉘는데 첫째, 보빈에 감아서 둘째, 북집에 넣는다.

1) 밑실 끼우기

보빈에 감기

1. 보빈을 밑실 감기 장치에 눌러 끼운다.
2. 실패꽂이에 실을 끼운다.
3. 실을 밑실 감기 가이드에 끼우고 보빈까지 가져온다.
4. 보빈에 실을 끼우거나 10회 이상 시계 방향으로 감는다.
5. 밑실 감기 장치를 오른쪽으로 밀어 고정한다. (기종에 따라 오른쪽 막대를 보빈에 붙이는 경우도 있다.)
6. 페달을 밟으면 저절로 실이 감긴다.
7. 실이 다 감기면 보빈이 더 이상 돌지 않고 멈춘다. 그때 페달에서 발을 뗀다.
8. 밑실 감기 장치를 다시 왼쪽으로 밀고 보빈을 빼내어 실을 자른다.

밑실을 북집에 넣기

1. 풀리를 돌려 바늘을 위로 올린다.
2. 노루발을 올리고, 밑실 덮개를 연다.
3. 보빈을 넣을 때 실 방향이 중요하다. 반드시 보빈의 실이 시계 반대 방향으로 풀리도록 북집에 넣었는지 확인해야 한다.
4. 밑실이 왼쪽에서 나와 아래쪽 홈을 통과하여 다시 왼쪽으로 빠지도록 한다. (S자를 그린다고 생각하면 쉽다.)
5. 밑실 덮개를 덮는다.

6. 밑실은 길게 빼지 않고(5cm 이상이면 충분) 밑에 그냥 두어도 된다.

TIP 수직가마인 경우는 QR코드를 참고한다.

2) 윗실 끼우기

1. 풀리를 돌려 바늘과 실채기를 위로 올린다.
2. 노루발을 올리고 실패꽂이에 실을 끼운다.
3. 재봉틀 윗면에 윗실 가이드를 따라 실을 통과시킨다. (대부분의 재봉틀 윗면에는 실 끼우는 방법이 그림으로 그려져 있다.)
4. 재봉틀 틈새를 따라 아래로 내린 뒤, U자 모양으로 다시 위로 올린다.
5. 맨 위 실채기 홈에 걸고, 실을 다시 아래로 내린다.
6. 윗실 가이드 안쪽으로 실을 끼우고 바늘을 통과시킨다.

TIP 윗실은 20cm 이상 길게 빼 두는 습관을 들이는 게 좋다. 윗실을 짧게 두면 실채기가 올라갈 때 딸려가서 바늘에서 빠지는 경우가 있으니 주의한다.

기본 세팅 맞추기

1. 땀수 조절 – 바늘땀 길이를 정한다. 대부분 2.5에 맞춰 있고, 좁고 튼튼하게 박으려면 2, 성글게 하려면 4에 맞춘다.
2. 땀폭 조절 – 바늘의 좌우 폭을 정한다. 직선 박기에는 사용하지 않고, 좌우 무늬가 있는 스티치에서 폭의 크기를 결정한다. 간혹 직선 박기에서 바늘대 좌우 위치를 조절할 때 사용하기도 한다.
3. 스티치 – 원하는 무늬가 있다면 패턴 선택 버튼을 이용해 맞춘다.

TIP 참고로 컴퓨터식 재봉틀은 스티치에 따라 알맞은 땀수, 땀폭을 자동으로 정해 준다.

장력 조절하기

재봉틀은 윗실과 밑실이 서로 당겨 주는 힘, 즉 장력이 중요하다. 이 장력이 맞아야 윗면, 밑면 모두 일정하고 예쁘게 바늘땀을 만들 수 있다.

1. 윗실 장력이 큰 경우 : 윗실 장력 조절 버튼을 낮은 숫자로 조정한다.

2. 밑실 장력이 큰 경우 : 윗실 장력 조절 버튼을 높은 숫자로 조정한다.

TIP 실과 바늘, 원단이 맞지 않는 경우 장력이 이상해지거나 바늘땀이 예쁘지 않다. 원단 두께에 따라 실과 바늘도 맞추는 게 좋다. 새로운 작품을 할 때면 해당 원단의 자투리 조각으로 테스트 박음질을 해 보고 세팅을 맞춘다.

재봉틀 관리하기

재봉틀은 관리만 잘하면 오래 사용할 수 있는 내구성이 뛰어난 기계이다. 평상시 관리법과 수리에 대해 알아보자.

1. 작품이 끝날 때마다 북집에 있는 먼지를 털어 준다.
2. 장시간 사용하지 않을 때에는 케이스에 넣거나 윗면을 덮어 먼지가 쌓이지 않도록 보관한다. 가끔 재봉틀 전용 오일을 이용해 북집을 닦아 주면 훨씬 부드럽게 바느질이 된다.
3. 고장이 의심될 때는 오일로 청소한 후 윗실과 밑실을 다시 걸어 주면 대부분 해결된다.

TIP 수리가 필요할 때는 가까운 대리점이나 본사에 전화를 걸면 상담 및 택배수거 서비스가 된다.

3

부자재와 원단

재봉틀로 소품을 만들고자 할 때 필요한 재료들을 알아보자. 재봉틀에 익숙해지고 더욱 효율적인 작업을 위해 꼭 필요한 도구는 준비하는 것이 좋다. 이 책에서는 소품 만들기에 필요한 최소한의 부자재만 다루었다.

부자재

사진 제공 : 오렌지 미싱
https://smartstore.naver.com/orangemising

쪽가위

실을 자를 때 쓰는 족집게처럼 생긴 작은 가위이다.

실뜯개(뜯개칼)

잘못 재봉된 바늘땀을 뜯을 때 사용한다.

실

재봉틀용 실과 손바느질용 실은 꼬임의 방향이 다르기 때문에 구별하여 쓰는 게 좋다. 일반사보다 코아사(꼬임이 단단하고 질긴 실)가 더 튼튼해서 주로 쓰인다.

손바느질용 바늘

공그르기나 홈질 등 손바느질을 할 때 필요하다.

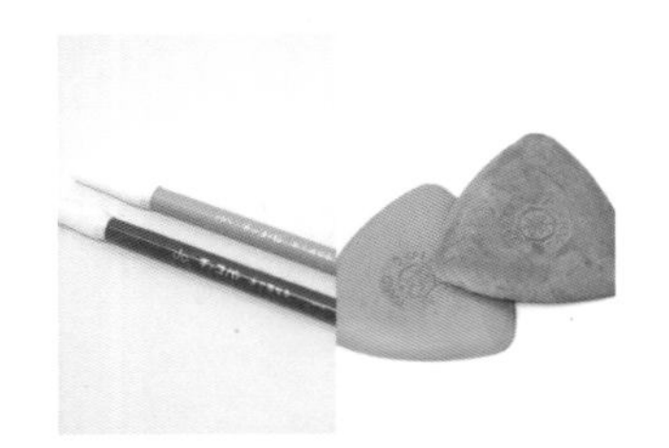

기화성 수성펜 & 초크

원단에 선을 그릴 때 사용하며, 수성펜은 시간이 지나거나 물을 뿌리면 지워지기 때문에 수정 시 편리하다. 간혹 펜 자국이 지워지지 않는 원단도 있으니 미리 테스트 해 본다.

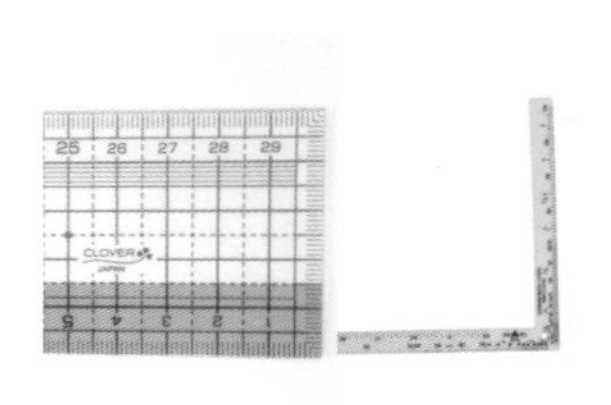

그레이딩자 & 직각자

그레이딩자는 투명한 자 위에 눈금이 0.5cm 단위로 그려져 있어서 패턴을 그리기 쉽다. 또한 휘어지므로 세워서 곡선의 길이를 잴 때 사용한다. 직각자는 사각형 모양으로 재단하거나 긴 폭의 원단을 반으로 접어서 재단할 때 직각을 체크하기 위해 사용한다.

재단 가위

원단을 자를 때 사용하며 사용 시 떨어뜨리지 않도록 주의한다. 가끔씩 날을 갈아 주고 재봉틀 오일로 닦아 보관한다. 재단 가위는 원단만 잘라야 오래 사용할 수 있다.

시침핀 & 핀쿠션

재봉 시 여러 겹의 원단을 움직이지 않게 고정시킬 때 사용한다. 문구용 시침핀과는 끝날이 다르니 구분하여 쓴다.

접착솜

원단에 두께감을 주기 위해 사용하는 솜이다. 한쪽 면에 풀이 묻어 있어서 원단에 다리미로 꾹꾹 눌러 붙여서 사용한다.

부직포

패턴을 옮겨 그릴 때 사용한다. 비침이 있으면서도 두께감이 있는 것이 좋다. 패턴 위에 부직포를 올려놓고 본을 뜬 다음 선을 따라 자른다. 자른 부직포를 원단 위에 놓고 완성선과 시접선을 그린다.

수용성 양면접착테이프

지퍼 또는 잘 늘어나는 원단을 재봉할 때 붙여서 사용하면 좋다. 주로 작은 부분을 임시로 고정할 때 사용하며 물에 녹는다.

자석조기

재봉 시 일정한 간격을 유지해 주는 역할을 한다. 자석으로 재봉틀에 붙여서 사용한다.

원단

사진 제공 : 코튼빌
http://www.cottonvill.com

면

대표적인 천연 섬유로 부드럽고 강도가 뛰어나 여러 형태로 가공되어 두루 쓰인다. (광목, 거즈, 아사, 타월, 옥스퍼드, 데님, 캔버스 등)

면마(리넨)

아마로 만들어진 실 및 직물을 말한다. 흔히 '리넨'으로 불리는 것은 면과 리넨의 혼방으로, 정확한 명칭은 면마이다. 참고로 리넨 100%(퓨어 리넨)라 표기된 것은 마 100%를 의미한다.

라미네이팅 원단

천 위에 코팅 가공하여 방수 소재로 만든 것. 두께감이 있고 물에 젖지 않아 가방을 만들 때 주로 쓰인다. 올이 풀리지 않아 한 겹으로도 작품을 만들 수 있다.

누빔

얇은 원단 밑에 솜을 덧대어 깔고, 사각형 또는 다이아몬드 모양으로 바느질한 것을 말한다.

아사

60~80수 면 원단. 얇은 원단이라 통풍이 잘 되고, 가벼우며 촉감이 부드럽다. 여름철 침구류나 의류 소재로 많이 사용된다.

광목

형광, 표백 등의 처리를 하지 않은 자연 가공한 면 원단. 엷은 누런색을 띠며 흡수성과 보온성이 우수하다.

데님

진한 청색의 날실에 회색이나 표백하지 않은 씨실로 짠 천을 말한다. 갈색 · 흑색 · 백색 외에도 스트라이프나 체크무늬 등 다양하게 생산된다. 아주 질기고 두껍다.

해 지

흔히 두꺼운 청지를 데님, 얇은 청지를 해지라고 하는데, 해지는 얇게 마모된 원단 또는 가공된 원단을 뜻한다.

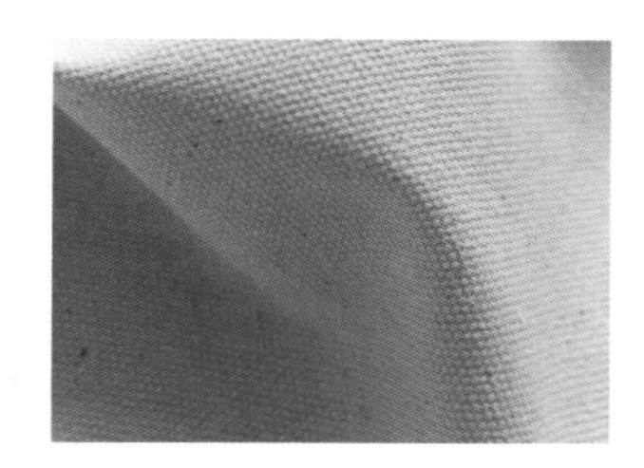

옥 스 퍼 드

굵고 두꺼운 실로 만든 면으로 원단이 두껍고 질기므로 쉽게 처지지 않는다. 주로 남방, 소품에 사용되는데 튼튼하고 시원하며, 세탁 시 손상이 잘 생기지 않는다.

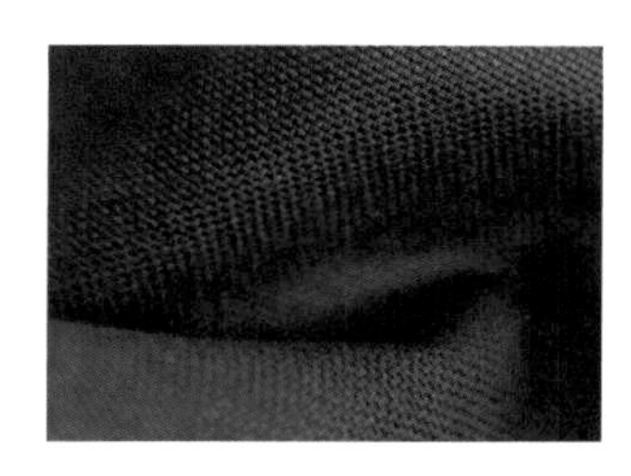

캔 버 스

옥스퍼드와 비슷한 면으로 더 두툼하고, 빳빳하여 처짐이 적기 때문에 가방에 많이 사용된다.

원단 관련 용어 알기

1. 식서 : 올이 풀리지 않도록 짠 천의 가장자리. 식서 방향은 대부분 원단이 감겨 있는 세로 방향을 말하고, 잘 늘어나지 않는다.
2. 푸서 : 식서의 직각 방향(직물의 가로 방향)으로, 올이 잘 풀어지며 늘어난다.
3. 바이어스 : 원단의 대각선 방향을 뜻하며 잡아당기면 원단이 잘 늘어난다. 바이어스에 대한 자세한 내용은 42p 에서 설명한다.
4. 선세탁 : 원단에 따라 세탁 시 수축되는 현상이 있는데, 이 경우 작품을 만들기 전에 원단을 미리 물에 담갔다가 말린 후 사용하는 것을 말한다.
5. 원단 두께 : 10수, 30수, 60수 등 숫자로 원단의 두께를 알 수 있다. 숫자가 클수록 얇은 원단, 작을수록 두꺼운 원단을 뜻한다.

원단 방향
식서
푸서
바이어스

4

재봉틀(바느질)할 때 쓰는 용어

패턴

작품을 만들기 위한 본을 뜻한다. 그리는 사람에 따라 시접이 포함된 패턴이 있거나, 포함되지 않은 완성선 그대로의 패턴이 있을 수도 있다.

솔기

원단과 원단을 봉합(재봉)했을 때 생기는 선을 말한다.

시접

솔기가 접혀 들어간 부분, 즉 바느질하는 선부터 천 끝까지 천의 나비를 뜻한다.

상침

장식 효과와 더불어 형태를 안정시키기 위해 위에서 눌러 박는 바느질. 봉합을 위해 두 원단을 겹쳐 박는 일반적인 재봉과 다르다.

가윗밥

천 끝단에 가위로 벤 자리를 말한다.

너치

두 장을 정확히 맞추는 데 사용하는 표시. 주로 가윗밥을 주어 표시한다.

되돌아 박기

원단의 올 풀림을 막기 위해 재봉의 시작과 마감 시 후진과 전진을 두세 번 반복하여 재봉하는 방법이다.

공그르기

실땀이 겉으로 나오지 않게 속으로 떠서 꿰매는 바느질법이다. (자세한 내용은 32p)

창구멍

원단을 뒤집기 위해 재봉하지 않고 남겨둔 부분을 말한다. 창구멍 처음 시작과 끝은 반드시 되돌아 박기 해야 한다. (자세한 내용은 32p)

골선

원단을 반으로 접었을 때 중심이 되는 선(일종의 대칭축). 골선을 기준으로 좌우 모양이 똑같은 패턴을 그려 재단하면 된다.

5

소품 만들기 전에 – 이 책의 활용법

1. 만들어 볼 작품에 맞춰 원단을 결정한다.
2. 부록에서 실물 패턴을 찾아서 부직포에 옮겨 그린다.
3. 다시 두꺼운 종이로 옮겨 그린다. (자주 쓸 패턴이 아니라면 부직포 그대로 사용해도 된다.)
4. 필요한 경우 원단을 먼저 세탁하고 다림질한다.
5. 패턴을 원단 뒷면에 올려놓고 완성선과 시접선을 각각 그린다.
6. 원단을 시접선 혹은 완성선대로 잘라낸다.
7. 'Part 2 소잉 소품 만들기'에서 과정컷을 참고하여 작품을 만든다.

실물 패턴 참고 사항

- 실물 패턴이 포함된 작품은 Ready의 [준비물]에 '실물 패턴'을 써두었다. 참고로 그리기 쉬운 직사각형 모양의 작품은 패턴을 생략했고, 한 작품 안에 중복되는 같은 크기의 패턴은 한 번씩만 들어간다.
- 곡선이 들어간 작품은 꼭 실물 패턴 크기대로 재단해야 한다.
- 시접이 포함된 작품의 재단 사이즈는 Ready에 '시접 포함'으로, 포함되지 않은 작품은 '시접 포함 ×'로 표시했다.
- 일반적으로 시접은 1cm를 주는데, 예외의 경우에는 시접 사이즈를 본문 안에 써두었다.
- 실물 패턴은 1줄 혹은 2줄로 그려져 있다. 1줄 패턴은 시접이 포함된 시접선인 경우 혹은 시접이 포함되지 않은 완성선인 경우이며, 2줄 패턴은 시접선과 완성선을 둘 다 그린 것이다(바깥의 선이 시접선). 줄의 개수에 구분을 둔 이유는 초보자가 만들기 더 쉽도록 작품에 따라 차이를 둔 것이다. 자세한 내용은 아래의 표를 참고한다.

작품명	실물 패턴
티코스터 케이스, 하트 냄비 집게, 사각 냄비 집게 삼각 가랜드, 하트 가랜드, 룸슈즈, 매직 파우치, 미니 배낭, 핸드백	2줄(시접선+완성선)
티코스터, 기본 앞치마, 주머니 앞치마, 곡물 핫팩 갑티슈 커버, 교통카드 지갑, 마카롱 키홀더, 한 겹 스트링 주머니 양면 스트링 주머니, 유아용 배낭, 롤 파우치(필통), 필통, 클러치백	1줄(시접선)
오븐 장갑	1줄(완성선)
주방 수건, 키친클로스, 쿠션 커버, 벽걸이용 갑티슈 커버 발매트, 카드 지갑, 지퍼 파우치, 바닥이 있는 지퍼 파우치 더블 파우치, 양면 에코백, 장바구니	생략

SEWING PATTERN

Ⅱ

소품 만들기 전에 알아야 할 바느질의 기본

1 창구멍과 공그르기

소품을 만들다 보면 원단의 안팎을 뒤집게 되는 경우가 많다. 이때 쓰는 방법이 창구멍과 공그르기로, 반드시 알아야 하는 손바느질의 기본 방법이다.

창구멍

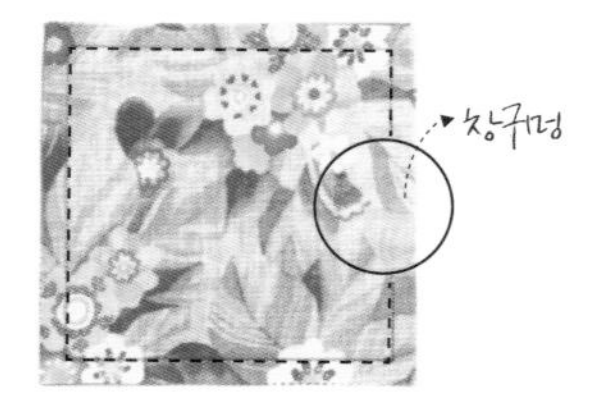

바느질할 때, 안팎을 뒤집어 빼내기 위하여 꿰매지 않은 부분을 말한다. 보통 테두리를 재봉할 때 한쪽 면에 5~8cm 정도 남겨 두면 된다. (작품 크기에 비례함.) 창구멍의 처음 시작과 끝은 되돌아 박기를 튼튼히 해 주어야 뒤집을 때 올이 풀리지 않는다.

공그르기(창구멍 막기)

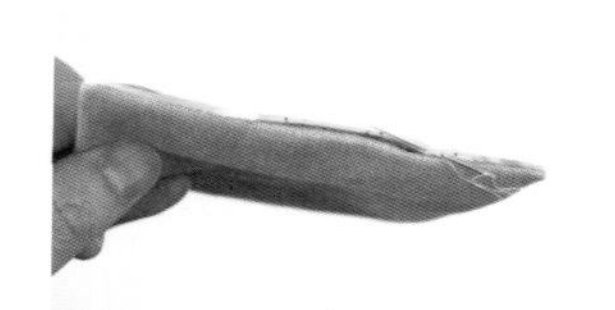

원단의 시접을 접어 맞댄 후 바늘을 양쪽에서 번갈아 넣어 실땀이 겉으로 나오지 않도록 꿰매는 바느질 방법을 말한다.
마지막 한 땀은 원단 사이 틈에서 바늘을 빼어 매듭을 짓는다. 다시 원단 틈으로 바늘을 넣은 후 아무 곳에나 임의로 바늘이 나오게 하여 실을 자르면 매듭이 밖에서 보이지 않는다.

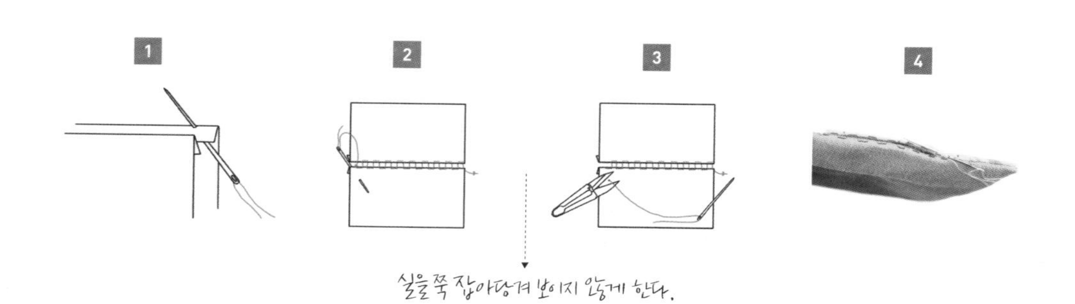

2

접착솜 붙이기

원단 뒷면에 접착솜을 붙이면 원단에 힘이 생긴다. 작품의 형태를 잡고, 두께감을 더해 줄 때 필요하다.

접착솜 붙이는 법

01 접착솜은 숫자가 작을수록 얇고, 클수록 두껍다. 작품에 맞게 골라 쓴다.

02 접착솜의 한쪽 면은 풀이 붙어 있어 반짝이거나 거칠거칠하다. 그 면을 원단 안쪽에 대고 다리미로 눌러 붙인다.

03 다리미는 밀지 않고 꾹꾹 누른다. 너무 열이 세면 솜이 녹을 수 있으니 주의한다.

접착솜을 시접 포함해서 붙일 때

솜을 붙이는 과정에서 약간의 수축이나 틀어짐이 있을 수 있으므로 초보자의 경우에는 원단과 접착솜을 패턴보다 넉넉하게 자른 뒤, 솜을 먼저 붙인 후에 재단하는 것이 좋다.

접착솜을 시접 제외하고 붙일 때

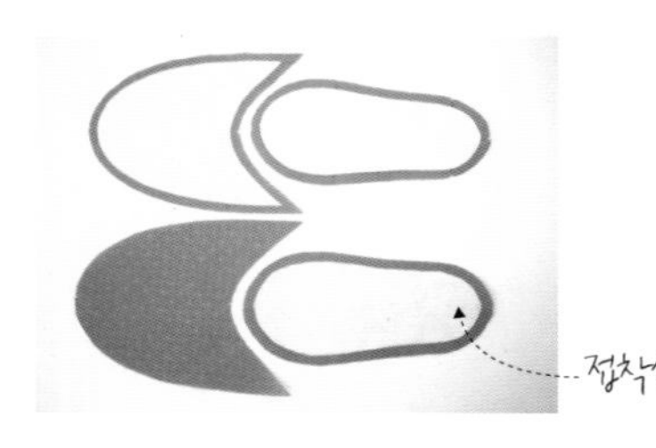

시접에 접착솜이 포함되면 바느질이 어렵거나 모양이 예쁘게 되지 않는 경우가 있는데 이때 사용하는 방법이다.
접착솜은 패턴 크기로 자르고, 원단은 시접을 준 크기로 잘라서 사진처럼 붙인다.

3

끈 접어 박기

옷의 허리끈, 앞치마끈 등 원단을 접어 얇고 긴 끈을 만들어야 하는 경우가 있다. 이때 끈의 시작과 끝부분을 깔끔하게 마감하는 법을 설명한다.

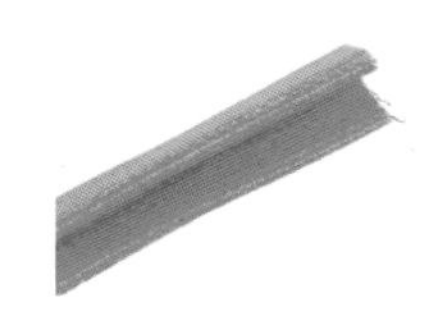

01 안쪽으로 두 번 모아 접어 4겹을 만들어 다린다.

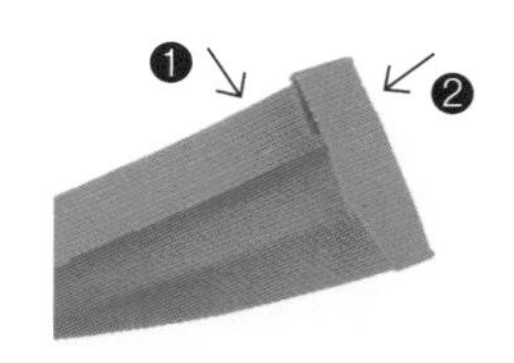

02 다시 펼쳐서 옆으로 한 번, 위쪽에서 한 번 접는다.

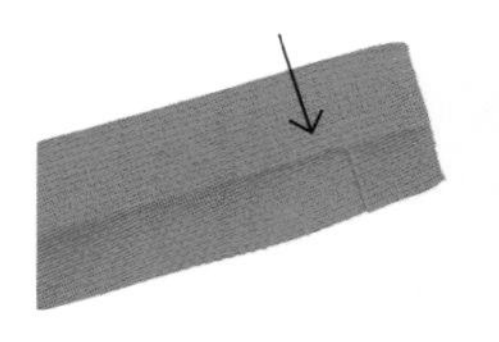

03 2의 상태에서 화살표 방향으로(옆으로) 한 번 더 접는다.

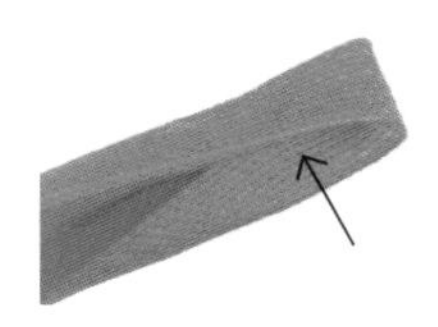

04 3 과정을 거치면 끼울 공간이 생긴다. 이제 반대편 옆선을 3의 안쪽으로 끼워 넣는다.

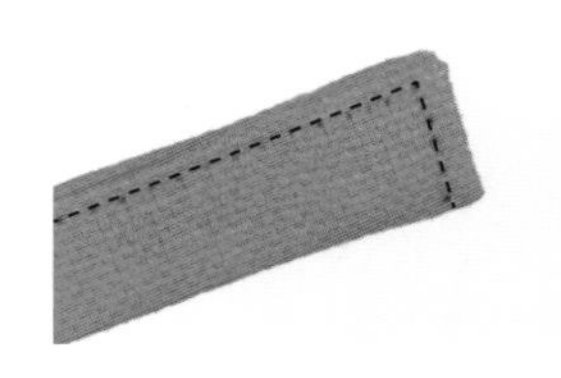

05 벌어진 부분을 상침하여 끈을 완성한다.

3, 4 과정에서 딱풀을 이용해 고정하면 더 쉽게 작업할 수 있다.

4

모서리 시접 모아 접기

바느질을 하다 보면 원단을 두 번 접어 상침할 때가 많은데, 이때 모서리 마감을 깔끔하게 하는 법을 설명한다.

01 두 번 접을 부분을 원단 안쪽 면에 펜으로 선을 그어 표시한다.

02 대각선으로 반을 접어 사진의 파란 선 부분을 수성펜으로 표시한다.

03 2에서 표시한 파란 부분만 재봉하고, 옆 부분 시접은 잘라낸다.

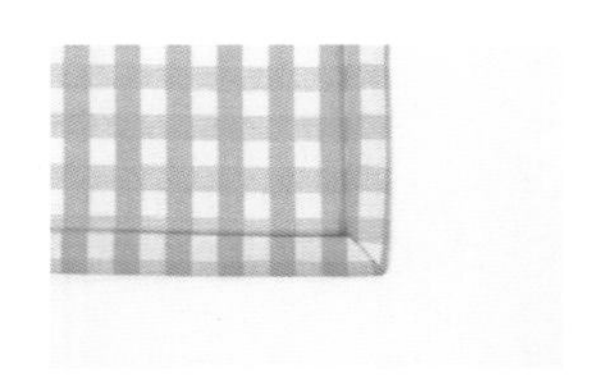

04 반대 방향으로 접으면 사진처럼 모서리 시접이 사선으로 마감되어 있다.

5

시접 처리하기(오버로크)

시접 처리는 원단의 올이 풀리는 것을 막기 위한 것으로 세 가지 방법이 있다.

01 오버로크 전용 재봉틀로 오버로크한다.

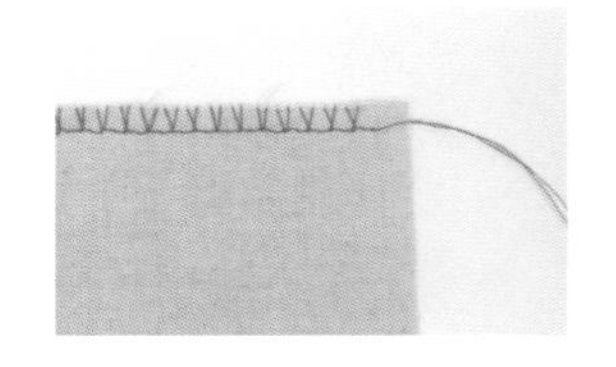

02 오버로크 전용 재봉틀이 없다면 재봉틀의 지그재그(오버로크) 패턴을 이용한다.

03 얇은 원단이라면 두 번 접어 재봉틀로 박음질을 해도 된다.

* 라미네이트 코팅된 원단 등 올이 풀리지 않는 천을 사용할 땐 이를 생략한다.

6

아웃포켓 만들기

원단 위에 덧붙여져 있는 주머니를 아웃포켓이라 한다. 이 아웃포켓을 쉽고 깔끔하게 만드는 법을 설명한다.

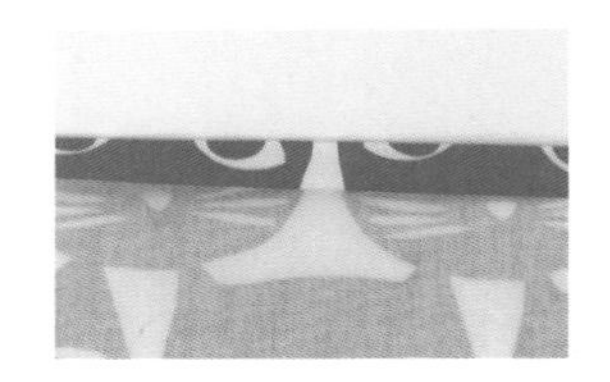

01 주머니 윗면을 1.5cm씩 안쪽으로 두 번 접어 다린다.

02 접어 다린 두 선 중에 3cm만큼의 선만 뒤쪽으로 접어서 주머니 겉면끼리 닿도록 하여 그림처럼 옆선 1.5cm만 재봉한다.

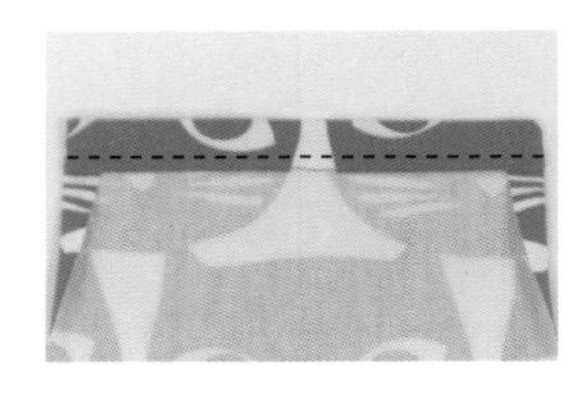

03 다시 반대로 뒤집어 안쪽으로 접으면 윗면 모서리 시접이 깔끔하게 안으로 들어가 있다. 시접 1.3cm를 주고 윗면을 상침한다.

04 나머지 세 부분을 1cm씩 안쪽으로 접어 다린다.

05 주머니 겉면에 윗면을 제외한 나머지 세 부분에 0.2cm, 1.2cm 선을 그린다.

06 주 원단에 올려놓고 그린 선대로 두 줄을 상침하면 시접 처리 안 된 부분이 감춰지면서 주머니가 달린다.

7

줄지퍼 활용하기

지퍼가 달린 쿠션 커버, 파우치, 가방 등 여러 작품을 만들 때 폭넓게 사용되는 줄지퍼 다루는 법을 설명한다.

지퍼 종류

지퍼는 줄지퍼, 콘실지퍼, 바지지퍼 등 용도별, 사이즈별, 재질별 다양한 종류가 있다. 홈패션용과 소품용 줄지퍼는 마 단위로 구입하여 필요한 길이만큼 잘라서 쓰면 훨씬 경제적이고 원하는 사이즈대로 작품을 만들 수 있다.

▲ 줄지퍼 ▲ 다양한 지퍼들

지퍼 노루발

지퍼를 완성도 있게 달기 위해선 전용 노루발이 필요하다. 이때 지퍼 시접이 늘어날 수 있기 때문에 시침핀을 꽂거나, 수용성 양면 테이프를 이용하여 고정시키는 게 좋다.

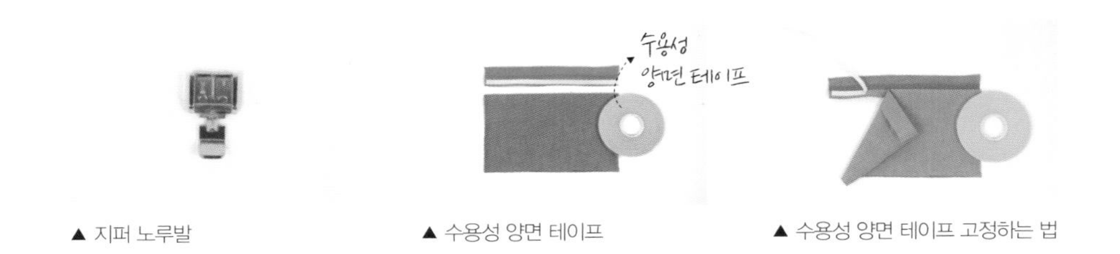

▲ 지퍼 노루발 ▲ 수용성 양면 테이프 ▲ 수용성 양면 테이프 고정하는 법

지퍼 슬라이더 끼우는 법

1) 닫혀 있는 지퍼를 열며 끼우는 법

01 지퍼 슬라이더의 한 칸짜리 큰 공간에 지퍼이빨을 더 이상 들어가지 않을 때까지 끼운다.

02 실뜯개로 지퍼이빨을 콕콕 찔러 좌우로 분리한다. 이때 지퍼가 빠져나가지 않도록 슬라이더를 아래쪽으로 당겨 잡으면서 작업한다.

03 슬라이더를 내리면 지퍼가 열린다.

2) 열린 지퍼를 닫으며 끼우는 법

01 지퍼 슬라이더 두 칸짜리 공간에 지퍼를 한쪽만 끼운다.

02 더 이상 들어가지 않을 때까지 반대편 지퍼를 끼운다.

03 첫 번째 끼웠던 지퍼를 살짝 빼서 두 번째 끼운 지퍼와 높이를 맞춘다. 이때, 지퍼가 빠지지 않도록 슬라이더를 아래쪽으로 당겨 잡으며 작업한다.

04 지퍼머리를 톡톡 내려서 좌측, 지퍼머리, 우측 3개의 높이를 맞춘다.

05 슬라이더를 내리면 지퍼가 닫힌다.

줄지퍼 단면 처리하는 법

지퍼 자른 단면을 깔끔하게 처리하는 방법이다.

01 지퍼와 같은 폭의 얇은 원단 2.5cm*7cm을 준비한다.

02 원단 양끝을 1cm, 2.5cm, 2.5cm, 1cm 접어서 지퍼 끝 1cm 사이에 끼워 박는다.

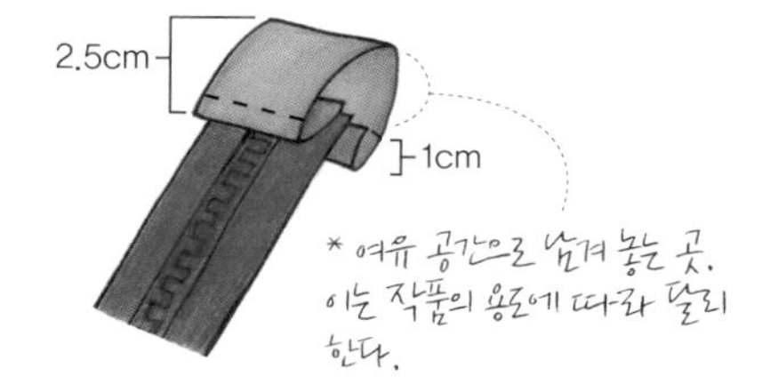

8

바이어스 활용하기

홈패션이나 의류에 많이 쓰이는 바이어스는 각종 테두리를 마감하거나 주름을 만들 때 반드시 알아야 하는 기법이다. 바이어스란 원단의 대각선 방향을 뜻하는 용어이나, 흔히 원단을 대각선으로 길게 잘라 이어 붙여 사용하는 띠를 말한다. 신축성이 있어 자연스러운 주름(플레어스커트, 프릴 등)을 만들거나 테두리를 마감할 때(테이블보, 전자레인지 덮개, 발매트, 이불 등 각종 커버류) 주로 쓰인다. 아예 만들어져 파는 바이어스도 있다.

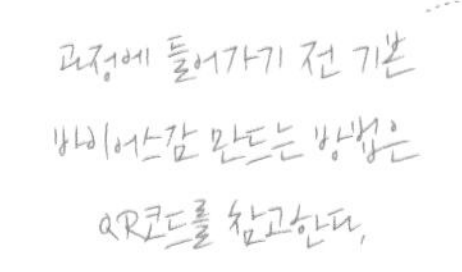

1) 바이어스 만드는 법

원단으로 바이어스를 직접 만드는 방법을 설명한다.

01 원단 끝을 45도 경사지게 자른다. 원하는 폭으로(4cm 폭을 주로 사용) 여러 장 자른다.

02 두 장 모두 겉면이 위로 향하게 하여 45도 기울어진 가장자리끼리 맞닿게 놓는다.

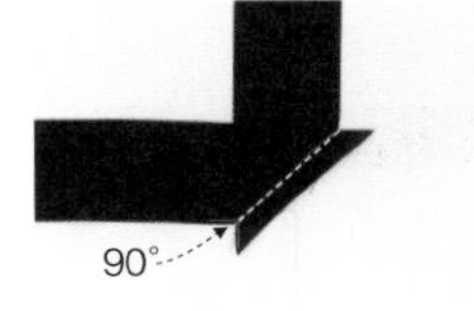

03 그중 한 장을 90도 꺾어서 두 장이 겹쳐지게 놓고 재봉한다.

04 시접은 가르고 튀어나온 부분은 잘라 준다.

05 두 장을 펼치면 잘 연결되어 있다. 이런 식으로 원단을 연결해 길게 만들어 사용한다.

2) 바이어스로 테두리 감싸 마감하는 법

작품의 테두리를 앞면과 뒷면 모두 예쁘게 마감하는 방법이다.
시작하기 전에 바이어스 폭의 4분의 1 되는 선을 접거나 선을 그려서 표시해 두면 더 좋다.

바이어스 직각으로 감싸기

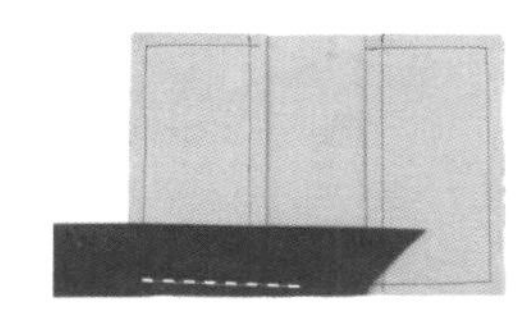

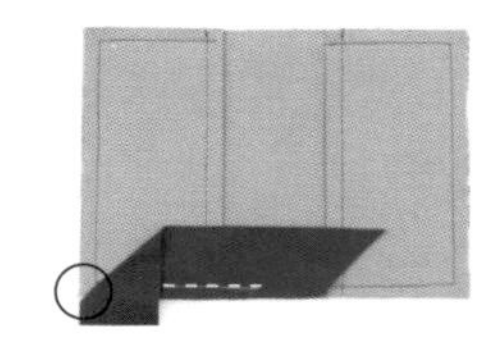

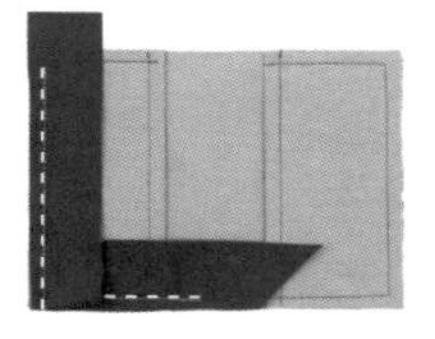

01 원단의 뒷면과 바이어스 겉면이 마주 닿게 올려놓고, 바이어스 폭의 4분의 1 정도 간격으로 재봉한다. 모서리 끝까지 재봉하지 않고 바이어스 폭의 4분의 1만큼 못 미친 부분에서 멈춘다. (바이어스가 시작하는 3~5cm 부분은 박지 않고 시작한다.)

02 바이어스와 원단의 꼭짓점을 맞춰 사진처럼 바이어스를 90도로 접는다.

03 다시 모서리를 맞추어 바이어스를 반대편으로 접고 맨 윗부분부터 재봉하여 또 4분의 1만큼 못 미친 점에서 멈춘다.

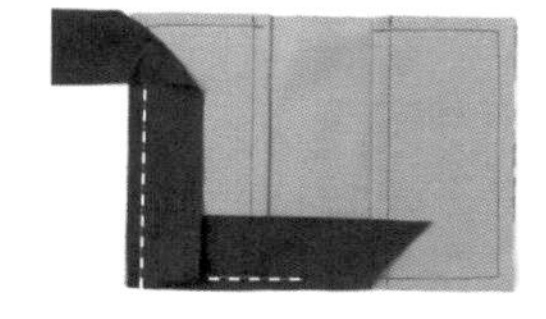

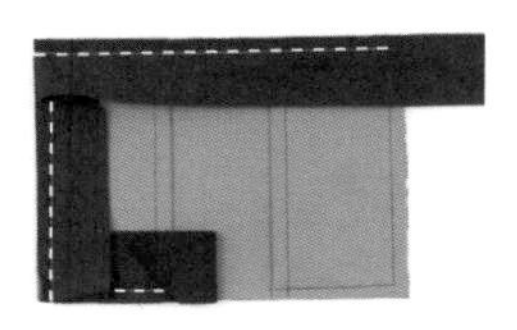

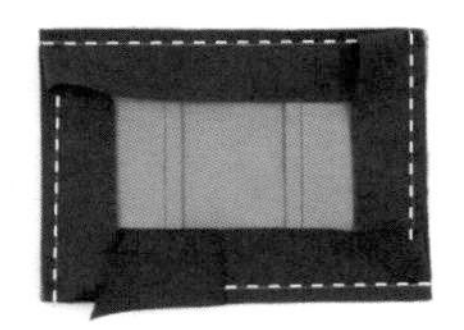

04 1~3 과정을 반복하고 처음 시작 지점 직전까지 와서 멈춘다.

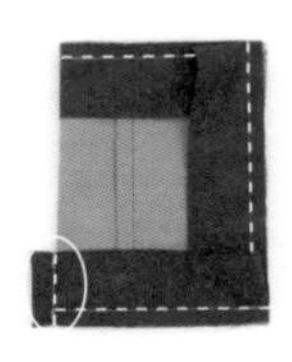

05 처음과 끝 바이어스를 맞대어 놓은 뒤 재봉하고, 시접은 1cm를 남기고 자른다.

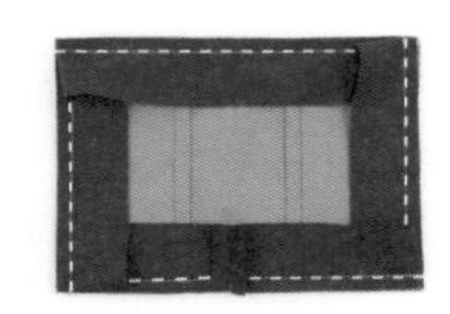

06 시접을 가르고 펼친 모습이 사진처럼 되었는지 확인한다.

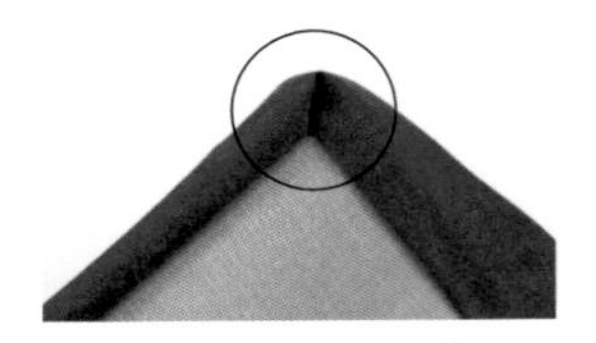

07 바이어스를 겉면 방향으로 꺾는다. 이때 뒷면 모서리가 예쁘게 모양이 잡혔는지 확인한다.

08 바이어스 남은 부분을 두 번 접어 겉면과 고정시킨다.

09 모서리 부분은 사선으로 미리 접어 정리하여 원단 겉면에서 한 바퀴 재봉한다. 뒷면에서 재봉했던 박음선에 맞추어 바이어스를 놓으면 뒷면도 박음선이 예쁘게 된다.

9

라미네이트 원단(방수 코팅) 다루기

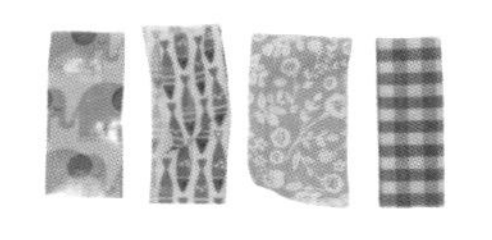

이 책에서 사용하는 라미네이트 원단은 위에 필름을 밀착시켜 가공한 원단으로, 방수 코팅된 재질이다. 올이 풀리지 않고 소재가 톡톡하여 소품, 가방류에 주로 사용한다. 가공된 필름의 재질에 따라 미끄러운 원단은 재봉이 어려운 경우도 있다. 작업 시 바늘땀이 앞으로 나아가지 않기 때문에 이때 도움되는 방법을 설명한다.

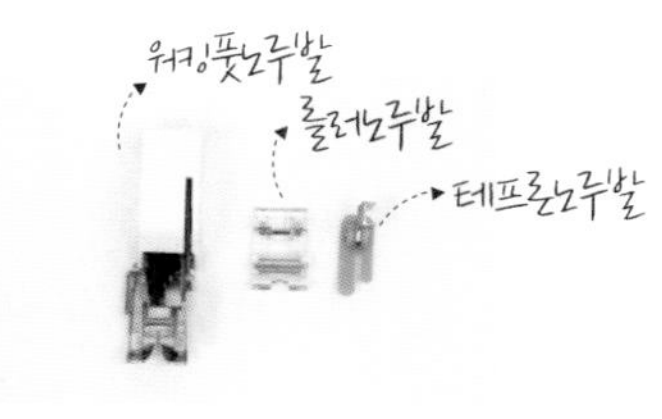

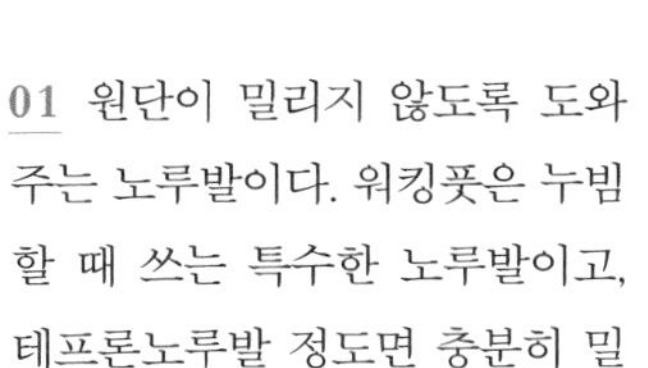

01 원단이 밀리지 않도록 도와주는 노루발이다. 워킹풋은 누빔할 때 쓰는 특수한 노루발이고, 테프론노루발 정도면 충분히 밀림을 막을 수 있다.

02 노루발이 없다면 종이를 대고 박은 뒤, 뜯어내는 방법도 있다.

PART 2

소잉 소품 만들기

Le bon lait

SEWING PATTERN

I

주방용 소품

LESSON

1

주방 수건

Ready

난이도 ★

완성 사이즈 수건 크기 그대로

[준비물]

얇은 새 수건 1장

원하는 무늬의 원단 1장

[재단] 시접 포함

수건 앞판용 원단(수건 너비 * 10cm) 1장

수건 고리용 원단(10 * 4cm) 1개

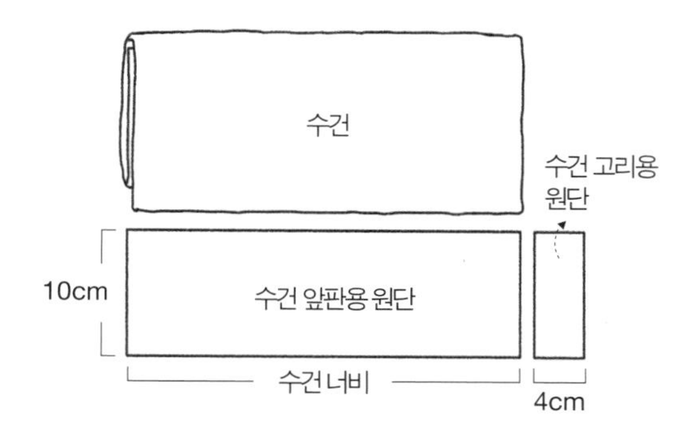

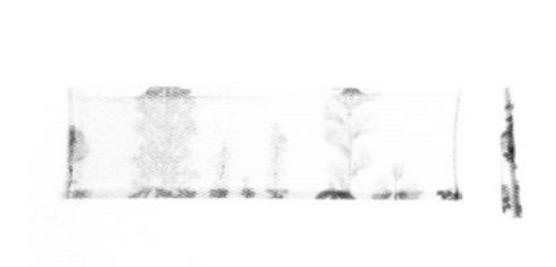

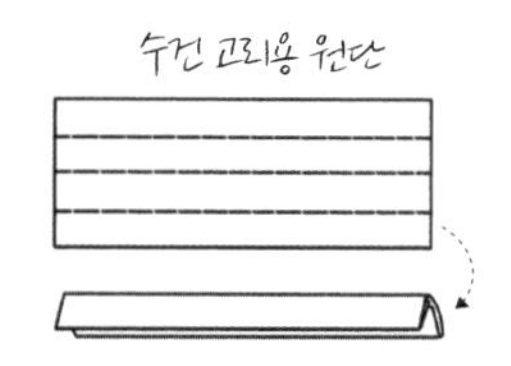

01 각 원단을 제시된 재단 사이즈에 맞춰 자른다.

02 수건용 원단은 사방 1cm씩 접은 다음 다리미로 다리고, 수건 고리용 원단은 1*10cm 사이즈가 되도록 네 겹으로 모아 접는다.

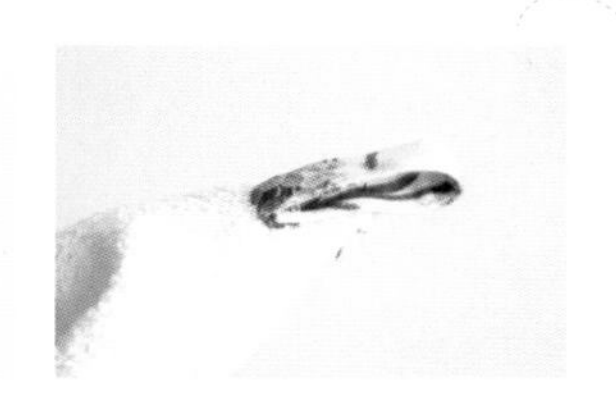

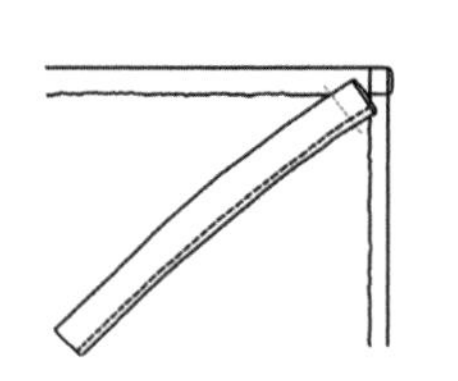

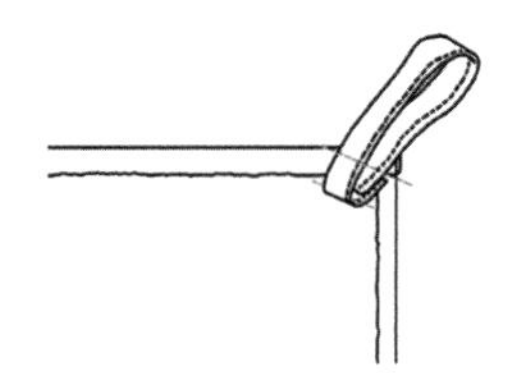

03 모아 접은 2의 수건 고리용 원단을 재봉하여 10cm 끈으로 만든 다음, 수건 오른쪽 상단에 사진과 같이 재봉한다. 수건 고리용 원단을 반대편으로 꺾어 고리 모양으로 만들고 그림에서 빨간색 표시한 부분을 재봉한다.

04 수건 하단에 패턴 원단을 올려놓고 직사각형으로 테두리를 재봉해 마무리한다. 이때 수건이 밀리지 않도록 핀을 꽂고 재봉하는 게 좋다.

TIP

간단히 할 수 있는 작업이므로 한 번에 여러 장을 만들면 선물하기 좋은 아이템이 된다.
원단과 수건 고리를 맞추거나, 다른 무늬나 색의 원단을 사용해도 좋다.
주방 수건은 자주 세탁하기 때문에 건조 및 탈색을 고려하여 두껍거나 프린트가 진한 원단은 피한다.

LESSON

2

키친클로스

Ready

난이도 ★

완성 사이즈 50*40cm

[준비물]

조금 두꺼운 원단 1장

라벨(생략 가능) 1개

[재단] 시접 포함

원단(54*44cm) 1장

[알아야 할 팁] 모서리 시접 모아 접기-36p

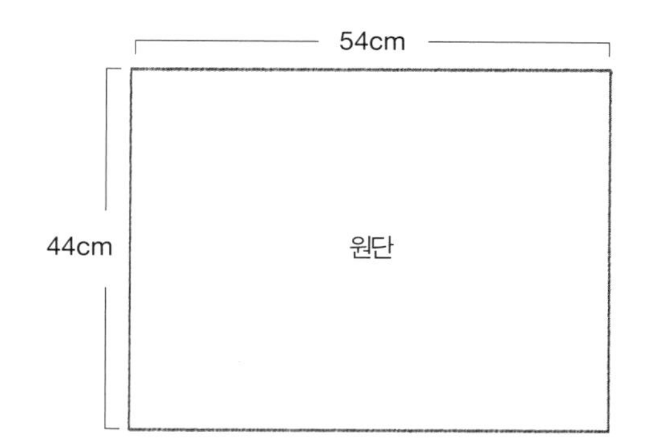

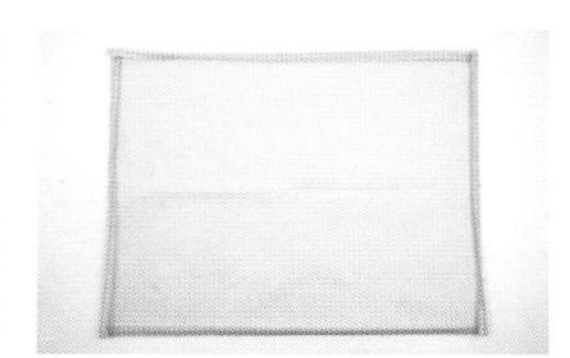

01 각 원단을 제시된 재단 사이즈에 맞춰 자른다. 혹 원하는 사이즈가 있다면 다르게 해도 된다.

02 원단을 뒤집어 테두리를 1cm씩 두 번 접은 후 다리미로 다린다.

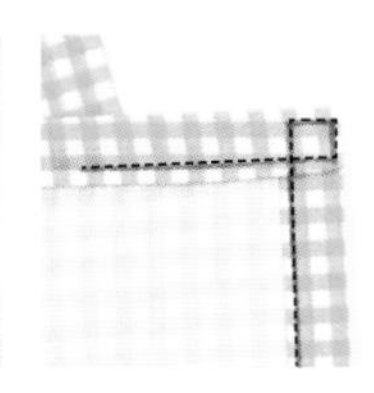

03 테두리는 시접 0.8cm를 주어 전부 재봉한다. 이때 모서리는 사진에 표시된 대로 재봉하거나 모서리 시접 모아 접기 방법으로 할 수도 있다.

bon lait

LESSON

3

티코스터

Ready

난이도 ★

완성 사이즈 11*11cm

[준비물]

실물패턴 A면

원단 두 종류, 각 1장

[재단] 시접 포함

원단(13*13cm) 2장

[알아야 할 팁] 창구멍과 공그르기-32p

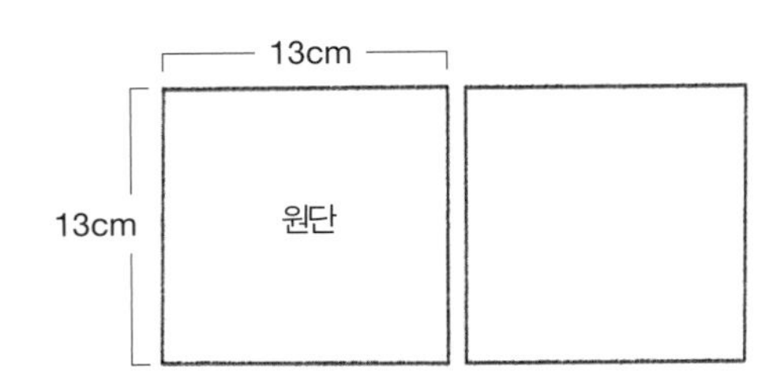

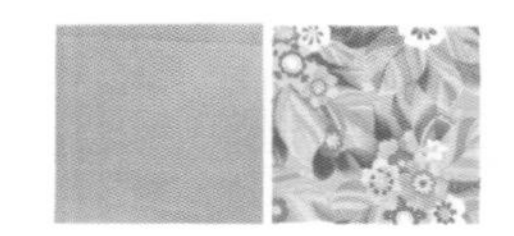

01 각 원단을 제시된 재단 사이즈에 맞춰 자른다.

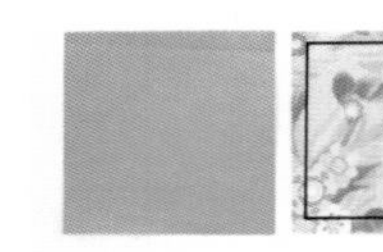

02 원단 1장 안쪽 면에 11*11cm 정사각형을 그린다. 이때 선 하나는 중간 5cm 정도 그리지 않고 창구멍으로 남겨 둔다.

03 원단 2장을 겉면끼리 마주 닿게 놓고, 선을 따라 재봉한다. 처음 시작과 끝은 되돌아 박기 한다.

04 모서리 시접을 대각선으로 자르고 창구멍 시접은 바깥쪽으로 꺾어 접어 손톱으로 꾹 눌러 준다.

05 창구멍으로 원단을 뒤집고 모양을 잡아 다리미로 다린다.

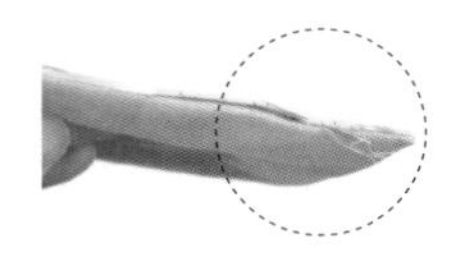

06 창구멍은 공그르기로 막거나 테두리를 일정한 간격으로 상침하면 완성된다.

LESSON

4

티코스터 케이스

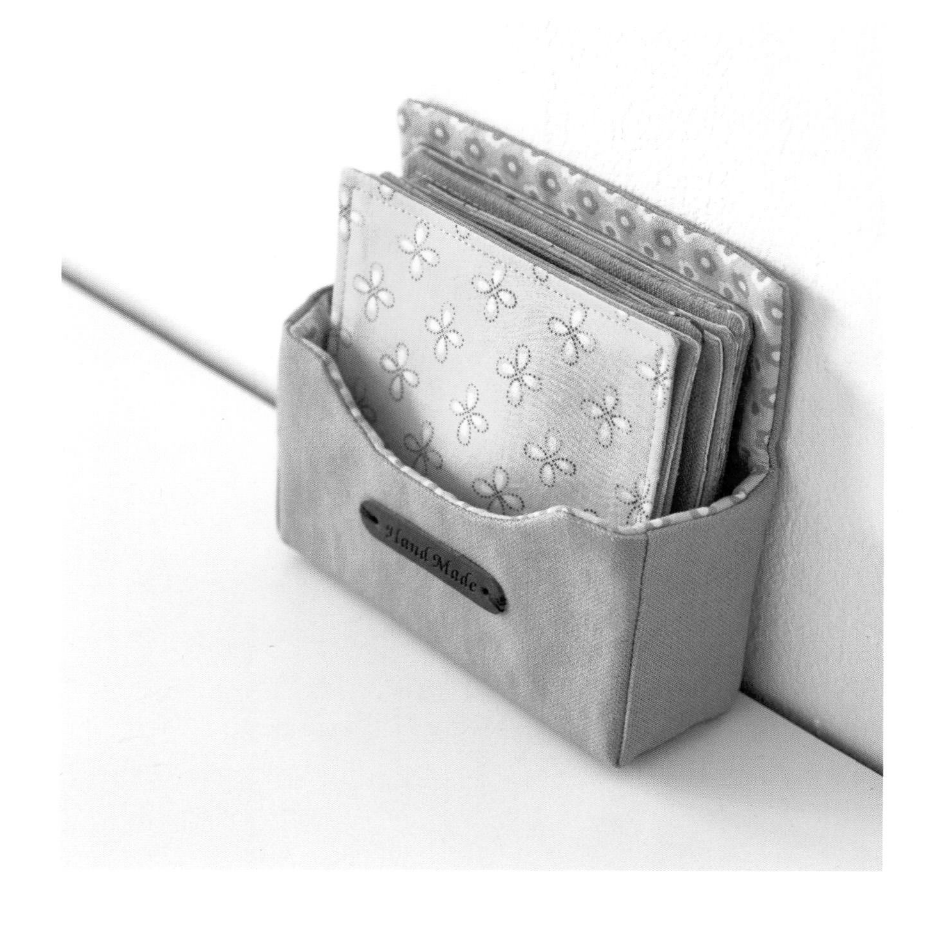

Ready

난이도 ★★★

완성 사이즈 12.5*11.5*4cm

[준비물]

실물 패턴 A면

원단 두 종류, 각 1장

접착솜(2~3온스), 라벨(생략 가능)

[재단] 시접 포함

겉감(패턴 참고) 1장

안감(패턴 참고) 1장

접착솜(패턴 참고) 1장

[알아야 할 팁] 창구멍과 공그르기, 접착솜 붙이기 - 32~33p

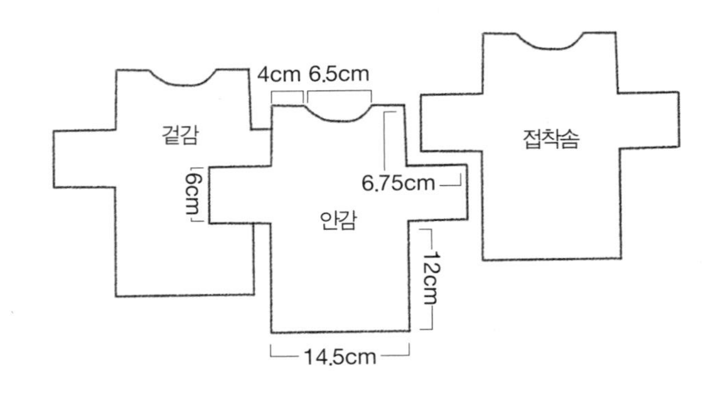

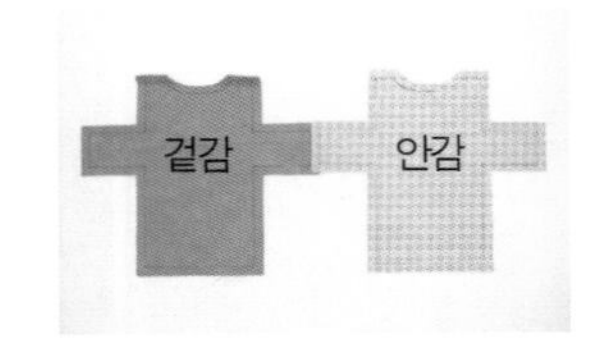

01 각 원단을 제시된 재단 사이즈에 맞춰 재단한다. 접착솜은 시접 없이 패턴 크기대로 자른다.

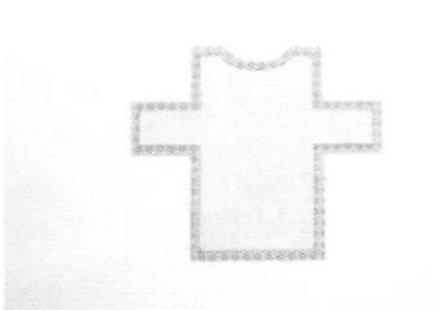

02 안감 뒷면에 접착솜을 다리미로 눌러 붙인다.

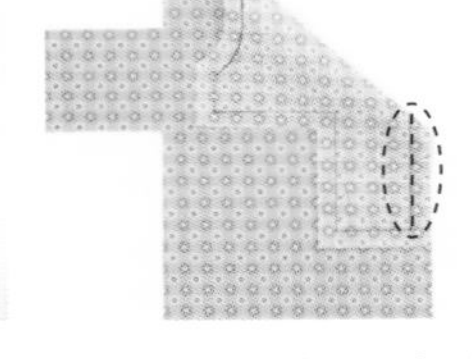

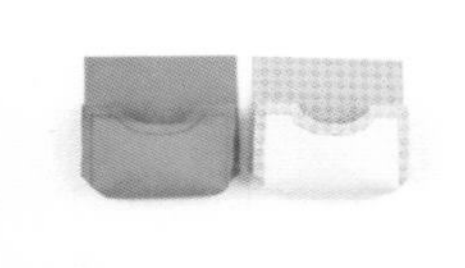

03 겉감, 안감 둘 다 각각 옆면 모서리끼리 재봉한다. 총 네 번 반복하여 주머니 형태를 만들어 준다. 나머지 원단도 3 과정을 반복한다.

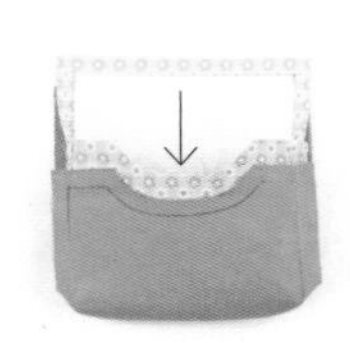

04 안감 시접은 옆면 쪽으로 꺾어 다린 후, 뒤집어서 겉감에 포개어 넣는다. 이때 겉면끼리 닿는지 확인한다.

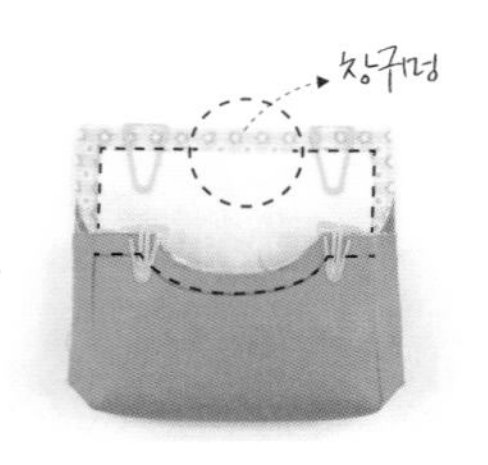

05 창구멍을 제외한 입구를 재봉한다. 집게나 핀 등으로 안감, 겉감을 고정하면 재봉할 때 밀리지 않는다.

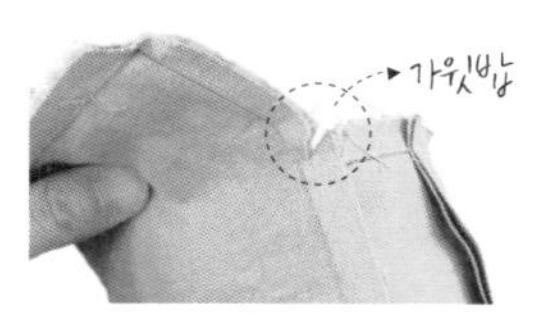

06 모서리 시접은 대각선으로 자르고, 곡선 부분과 코너 시접에 가윗밥을 준다. 완성선에 가까운 지점까지 가윗밥을 주어야 울지 않고 예쁘게 뒤집어진다.

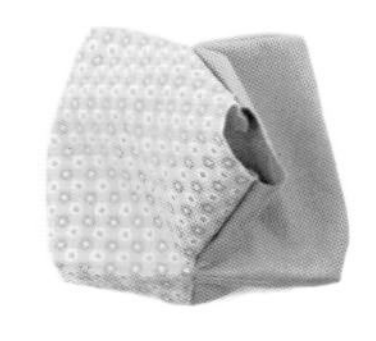

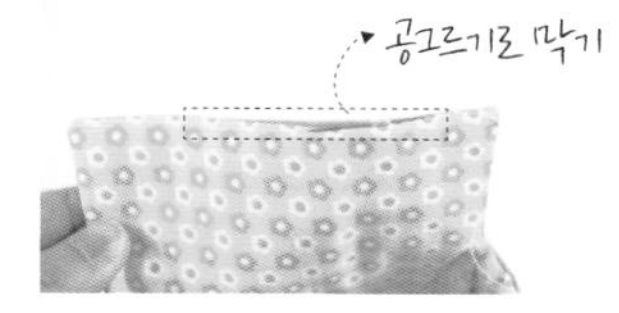

07 창구멍으로 원단을 뒤집은 후 공그르기로 막는다.

08 잘 다린 후 앞쪽에 라벨을 단다. 라벨이 없다면 생략해도 된다.

LESSON

5

하트 냄비 집게

Ready

난이도 ★★★

완성 사이즈 18*17cm

[준비물]

실물 패턴 A면

원단 두 종류(두께 있는 면, 리넨), 각 1장

접착솜(4~7온스)

[재단] _2개 기준 시접 포함

손등(20*19cm) 4장

받침(20*19cm) 4장

접착솜(18*17cm) 4장

[알아야 할 팁] 창구멍과 공그르기, 접착솜 붙이기 - 32~33p

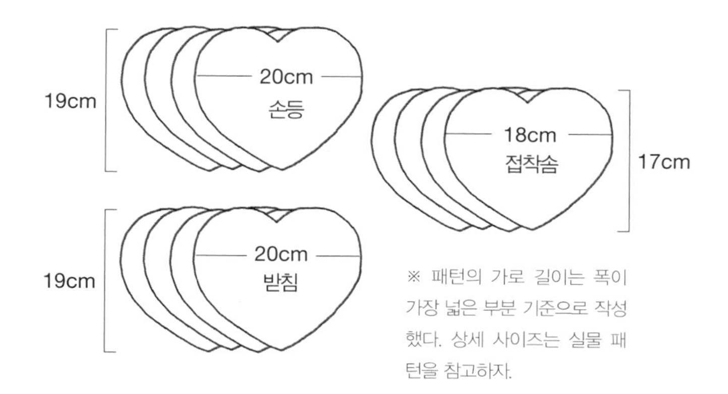

※ 패턴의 가로 길이는 폭이 가장 넓은 부분 기준으로 작성했다. 상세 사이즈는 실물 패턴을 참고하자.

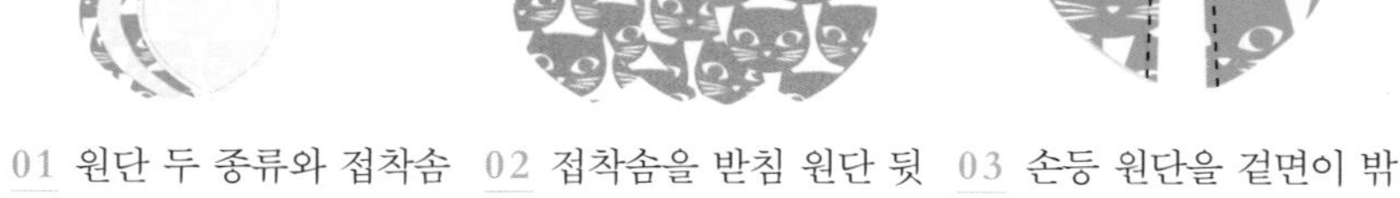

01 원단 두 종류와 접착솜을 각 4장씩 제시된 사이즈에 맞춰 재단한다.

02 접착솜을 받침 원단 뒷면에 붙인다.

03 손등 원단을 겉면이 밖으로 나오게 반으로 접어 1cm 간격으로 상침한다.

04 받침 원단 겉면 위에 3을 올려놓고 테두리를 시접 0.5~0.7cm를 두고 재봉하여 고정한다.

05 4 위에 받침 원단을 접착솜이 위로 향하게 놓고 패턴대로 재봉한다. 이때, 창구멍 8cm 정도 재봉하지 않고 남겨 둔다.

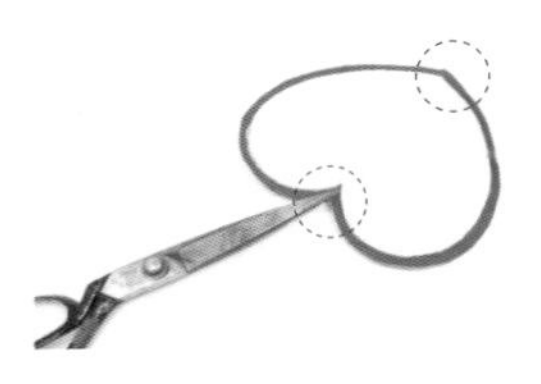

06 하트 모양에서 움푹 들어간 가운데 부분은 가윗밥을 주고, 뾰족한 아랫부분 시접은 살짝 자른다.

07 창구멍으로 뒤집고 공그르기로 막는다.

08 나머지 한 벌도 같은 방법으로 반복하여 양쪽을 완성한다.

LESSON

6

사각 냄비 집게

Ready

난이도 ★★

완성 사이즈 18*13cm

[준비물]

실물 패턴 A면

원단 두 종류(두께감 있는 면, 리넨 가능), 각 1장

접착솜(4~7온스)

[재단] _2개 기준 시접 포함

손등(16*15cm) 4장

바닥(20*15cm) 4장

접착솜(18*13cm) 4장

[알아야 할 팁] 창구멍과 공그르기, 접착솜 붙이기 - 32~33p

만드는 방법은 하트 냄비 집게와 같으므로 앞에 내용을 참고하여 만들어 보자.

LESSON
7

오븐 장갑

Ready

난이도 ★★

완성 사이즈 18*25cm

[준비물]

실물 패턴 2장(안감, 겉감 패턴) A면

원단 두 종류(두께 있는 면, 리넨) 각 1장

접착솜(7온스)

[재단] _장갑 1개 기준 시접 포함 X

겉감(20*29cm) 2장, 안감(29*29cm) 2장

겉감 접착솜(20*26cm) 2장, 안감 접착솜(29*29cm) 2장

겉감 패턴(20*26cm) 1장, 안감 패턴(29*29cm) 1장

[알아야 할 팁] 창구멍과 공그르기, 접착솜 붙이기 - 32~33p

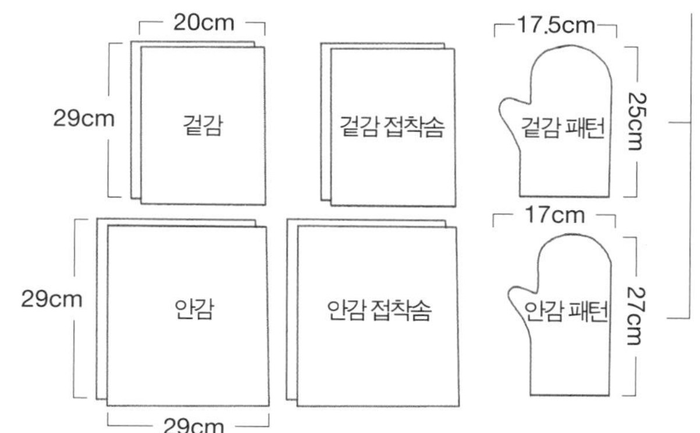

01 원단과 접착솜을 사이즈에 맞춰 재단한다. 안감접착솜은 패턴을 대각선 방향으로 올려놓아야 한다. (원단이 늘어나야 마감이 예쁘게 되기 때문에 바이어스 방향으로 놓고 재단한다.)

02 접착솜을 원단 안쪽에 붙이고, 수성펜을 이용하여 패턴대로 선을 그린다. 안감 손목 부분 2.5cm은 접착솜을 붙이지 않는다.

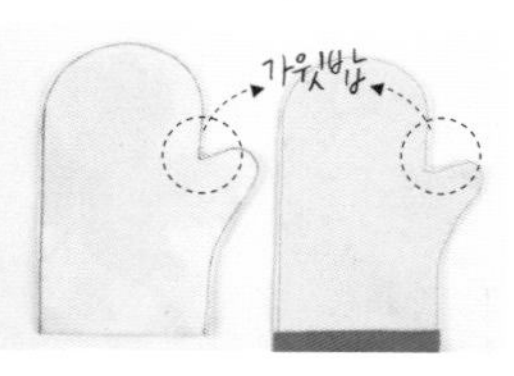

03 겉감끼리 2장, 안감끼리 2장을 겉면이 마주 닿게 놓고 2에서 그린 선대로 재봉한다. 시접은 0.3cm만 남기고 자른다. 엄지손가락 오목한 부분에는 가윗밥을 넣는다.

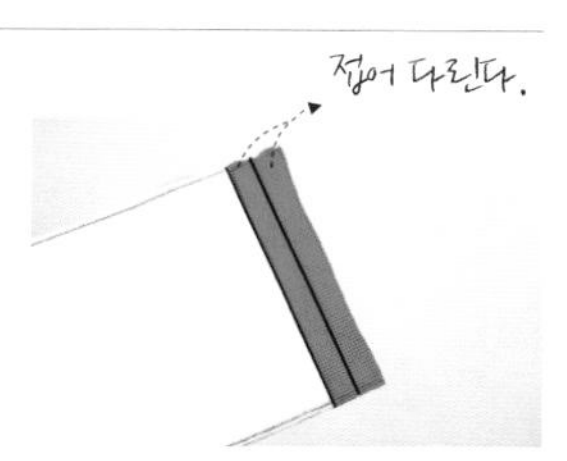

04 2.5cm 나온 안감 손목 부분은 두 번 접어 다리미로 다린다.

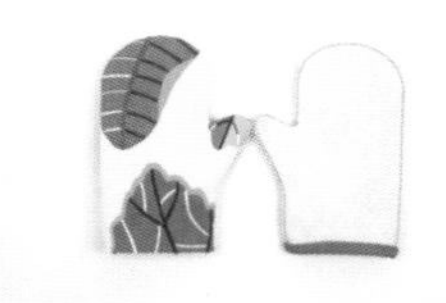

05 겉장갑이 되는 원단만 손목 입구를 통해 뒤집는다.

06 안장갑이 될 원단을 겉장갑 속으로 넣는다.

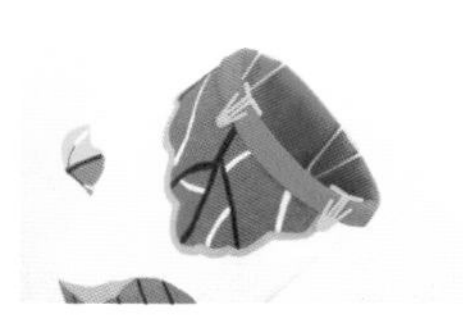

07 4에서 다려 놓은 안장갑의 입구를 두 번 접어 겉장갑의 입구를 감싸고 집게나 핀으로 고정한다.

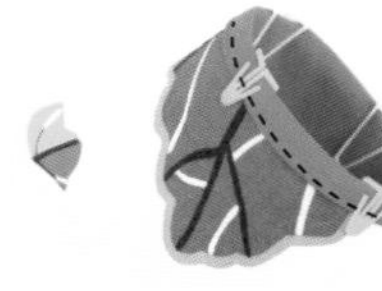

08 겉에서 한 바퀴 공그르기 하거나 상침한다.

TIP

장갑에 고리를 달아 줄 경우, 3번 과정 전에 끈을 미리 만들어 겉장갑 안에 끼워 박으면 사용 시 편하다.

LESSON

8

기본 앞치마

Ready

난이도 ★★★

완성 사이즈 65*74cm

[준비물]

실물 패턴 A면

원단(면 종류 추천) 1장

[재단] 시접 포함

앞치마(69*78cm) 1장

주머니(16*19cm) 1장

끈(4*50cm) 3개

[알아야 할 팁] 끈 접어 박기, 모서리 시접 모아 접기, 아웃포켓 만들기 - 35~36, 38p

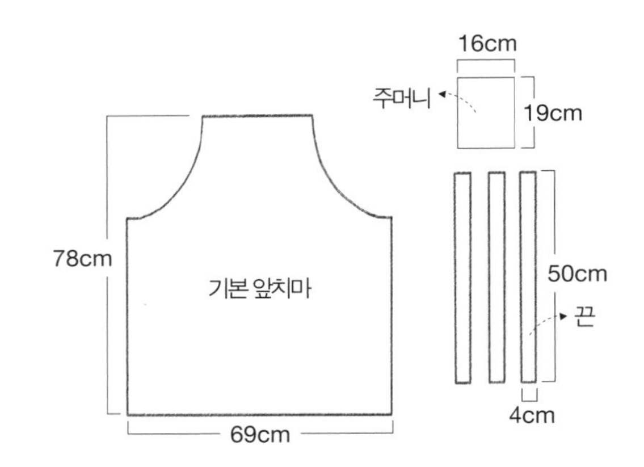

패턴을 올려 놓은 것.
(패턴에 주머니 위치가 표시되어 있음)

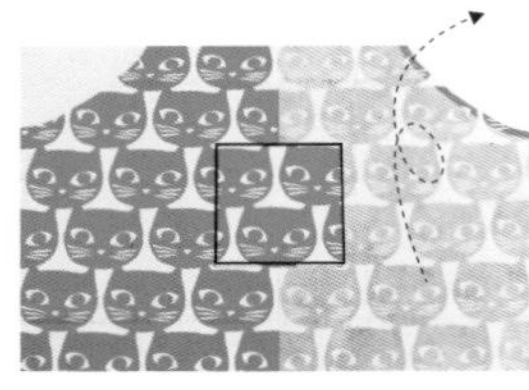

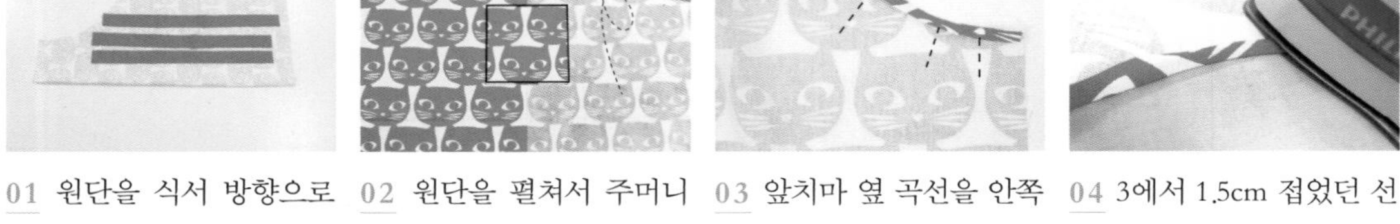

01 원단을 식서 방향으로 반 접어 패턴 사이즈에 맞춰 재단한다. 주머니용 원단과 끈도 사이즈에 맞춰 재단한다.

02 원단을 펼쳐서 주머니 위치를 펜으로 표시한다. 주머니용 원단을 올려놓고 재봉하여 달아 준다.

03 앞치마 옆 곡선을 안쪽으로 1.5cm 접어 다린다. 곡선 부분은 접는 게 어려우므로, 0.5cm 깊이로 가윗밥을 주어 접는 게 좋다.

04 3에서 1.5cm 접었던 선을 0.75cm 두 겹이 되도록 안으로 반 접어서 다린다.

반대쪽 곡선도 똑같이 만든다.

4에서 다리미로 다린 선따라 재봉하기!

TIP

곡선 부분은 재봉 후에 바로 물을 뿌려 다리면 모양이 예쁘게 잡힌다.

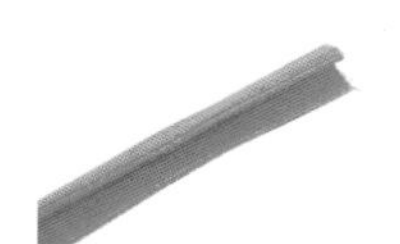

05 4*50cm 원단 1장을 네 겹으로 모아 접어서 1*50cm 끈이 되도록 재봉한다.

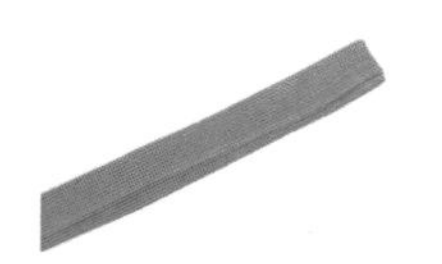

06 나머지 4*50cm 2장도 네 겹으로 모아 재봉한다. 단 한쪽 끝은 접어 박아 마감한다.

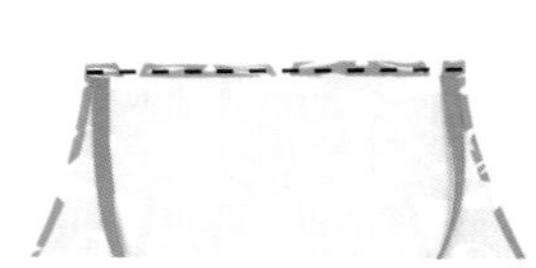

07 앞치마 윗부분을 1cm씩 두 번 접어 다리고, 5에서 만들어 둔 목끈(끝 막음 안 한 쪽)을 끼워서 재봉한다.

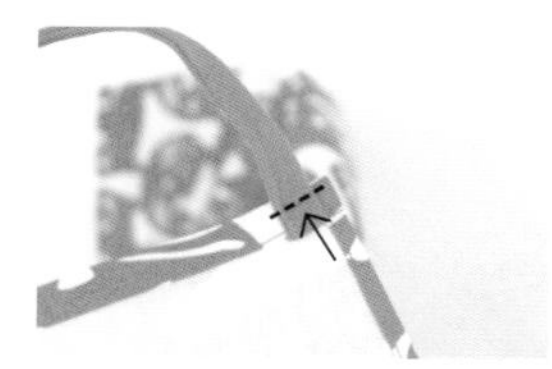

08 목끈 방향을 반대로 꺾어서 위로 보내고 상침한다.

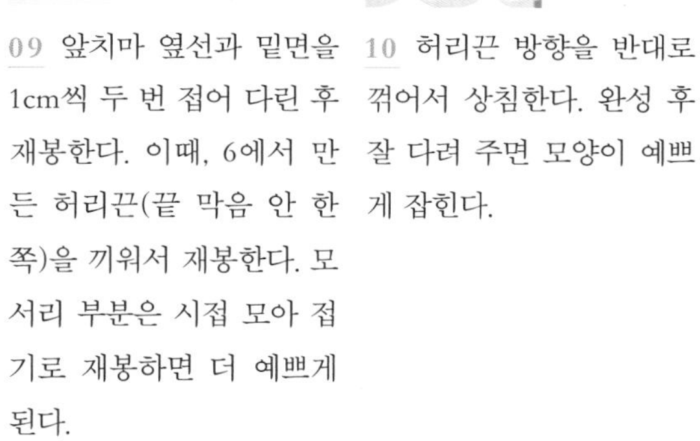

09 앞치마 옆선과 밑면을 1cm씩 두 번 접어 다린 후 재봉한다. 이때, 6에서 만든 허리끈(끝 막음 안 한 쪽)을 끼워서 재봉한다. 모서리 부분은 시접 모아 접기로 재봉하면 더 예쁘게 된다.

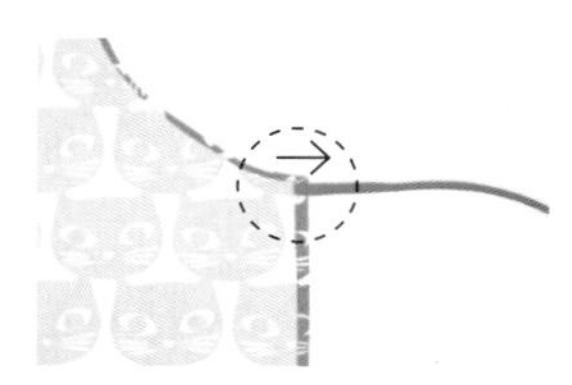

10 허리끈 방향을 반대로 꺾어서 상침한다. 완성 후 잘 다려 주면 모양이 예쁘게 잡힌다.

LESSON

9

주머니 앞치마

Ready

난이도 ★★★☆

완성 사이즈 90*81cm

[준비물]

실물 패턴(끈 제외) B면

원단 두 종류, 각 1장

[재단] 시접 포함

단색 원단(93*60cm, 본판) 1장

꽃무늬 원단 아랫단(93*29cm) 1장

꽃무늬 원단 허리끈(6*84cm) 2개

꽃무늬 원단 어깨끈(12*65cm) 2개

꽃무늬 원단 가로막(12*14cm) 1장 *체형에 따라 14cm보다 더 늘여도 좋다

주머니 원단(44*23cm) 1장

[알아야 할 팁] 끈 접어 박기, 모서리 시접 모아 접기, 시접 처리하기(오버로크) - 35~37p

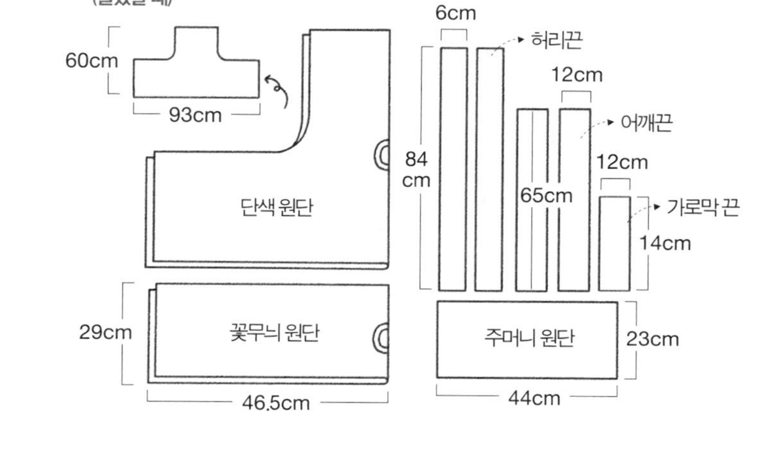

01 원단을 제시된 사이즈에 맞춰서 재단한다.

02 허리끈용 원단을 네 겹으로 모아 접어 재봉한다. 이때 한쪽 끝은 끈 접어 박기를 참고해 마감한다.

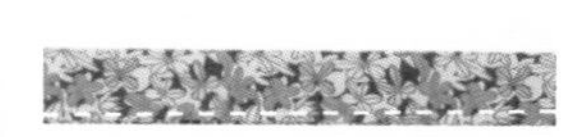

03 가로막 끈을 네 겹으로 모아 접어(3*14cm) 상침한다.

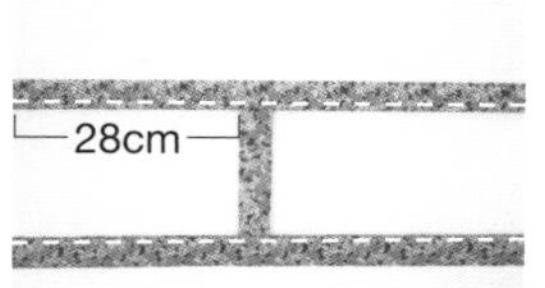

04 어깨끈 2개를 각각 네 겹으로 모아 접어 상침한다. 28cm 내려온 곳에 3(가로막 끈)을 끼워 재봉한다.

05 주머니용 원단의 상단은 2cm씩 두 번, 양옆은 1cm씩 두 번 접어 다린 뒤 상침한다.

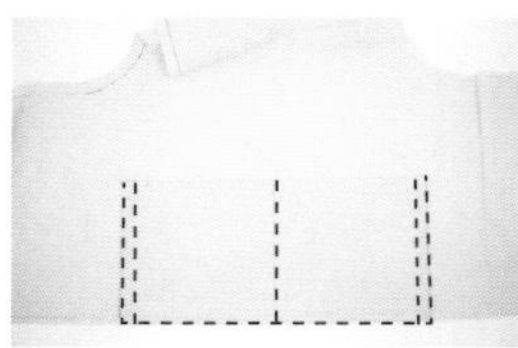

06 본판 중앙 하단에 5를 올려놓고, 양 옆선 두 줄, 주머니의 중앙 세로선, 밑면을 상침한다.

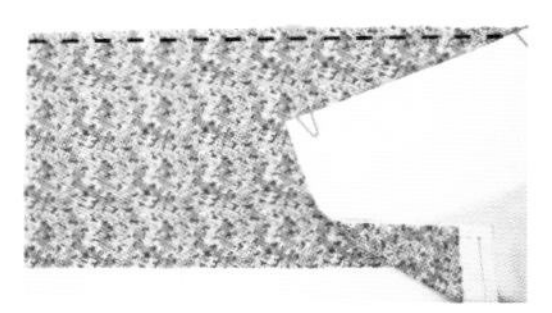

07 본판과 아랫단을 겉면끼리 마주 대고 시접을 1cm 주어 재봉한다.

08 7의 시접을 올이 풀리지 않게 오버로크 또는 지그재그 패턴으로 재봉하고, 펼쳐 다린다.

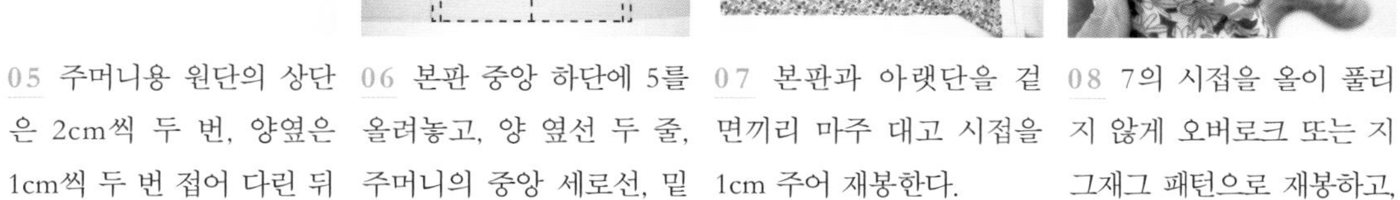

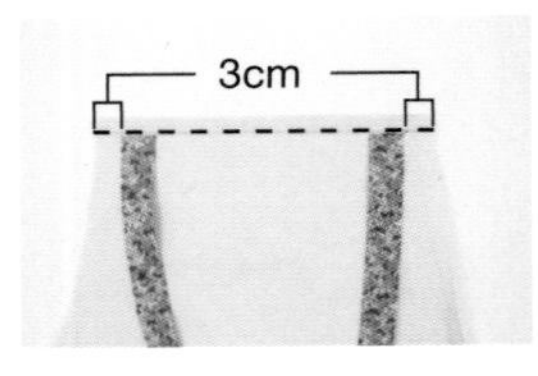

09 본판 상단을 1.5cm씩 두 번 접어 다린 뒤, 어깨끈 2개를 각각 양옆에서 3cm 띄운 자리에 끼워서 상침한다.

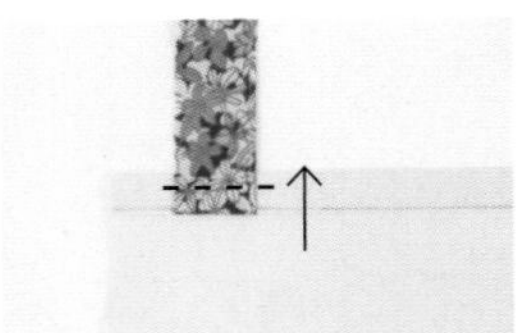

10 어깨끈 방향이 위로 향하도록 꺾어 상침한다.

11 옆 곡선은 0.75cm씩 두 번 접어 다린다. 살짝 가윗밥을 주어야 잘 접어진다. 반대편도 같은 방법으로 한다.

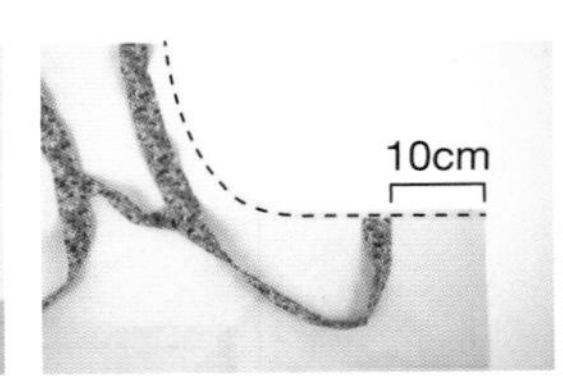

12 옆 곡선을 상침할 때, 어깨끈 2개를 각각 옆선에서 10cm 띄운 자리에 끼우고 끈이 꼬이지 않게 박는다.

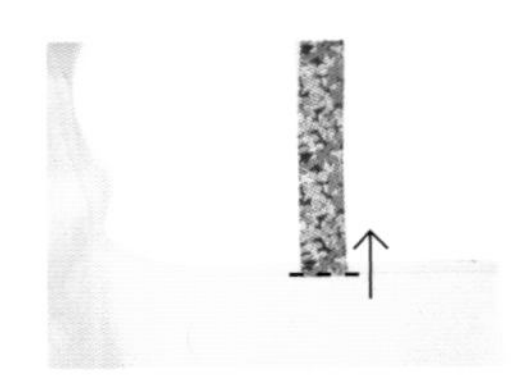

13 10처럼 어깨끈 방향을 위로 향하도록 꺾어 상침한다.

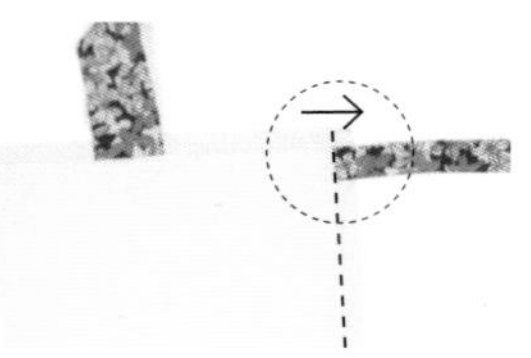

14 옆선은 0.75cm씩 두 번, 아랫단은 1.5cm씩 두 번 접어 다린 뒤, 옆선 부분에 허리끈을 끼워 재봉한다. 이후 허리끈 방향을 반대로 꺾어 상침한다. 모서리는 접어 박기로 재봉하고, 완성 후에 잘 다려 준다.

가로막 끈이 있어 앞치마가
흘러내리지 않는다.

Happily Ever After

SEWING PATTERN

Ⅱ

거실용 소품

LESSON

1

삼각 가랜드

Ready

난이도 ★☆

완성 사이즈 10*60~80cm

[준비물]

실물패턴 B면

원단6~8종류, 각1장

마끈1개

[재단] 시접 포함

원단(12*24.3cm)6~8장, 각1장

마끈80~100cm

[알아야 할 팁] 창구멍과 공그르기-32p

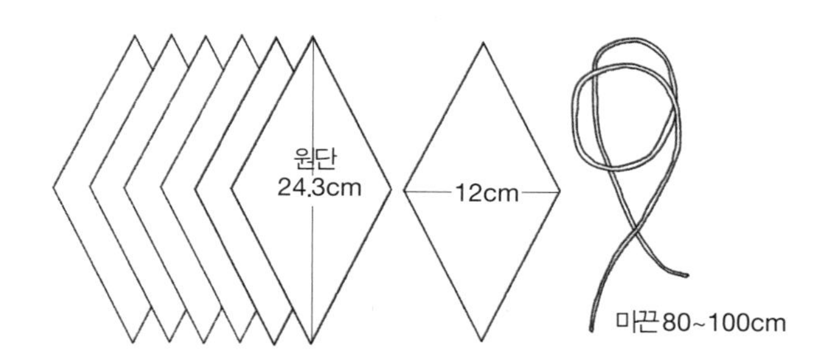

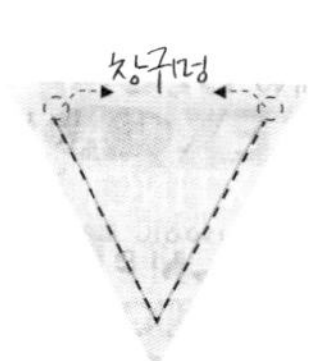

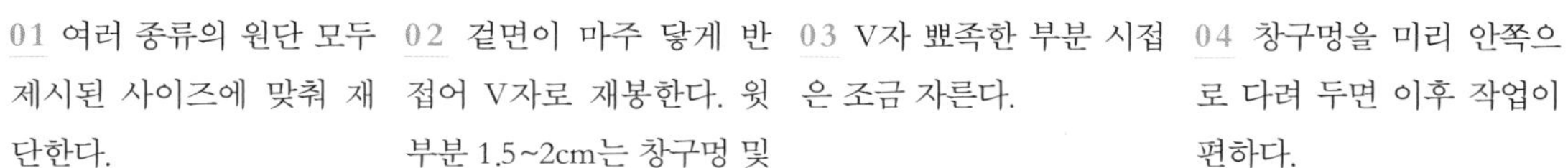

01 여러 종류의 원단 모두 제시된 사이즈에 맞춰 재단한다.

02 겉면이 마주 닿게 반 접어 V자로 재봉한다. 윗부분 1.5~2cm는 창구멍 및 끈을 연결할 공간이므로 재봉하지 않고 남겨 둔다.

03 V자 뾰족한 부분 시접은 조금 자른다.

04 창구멍을 미리 안쪽으로 다려 두면 이후 작업이 편하다.

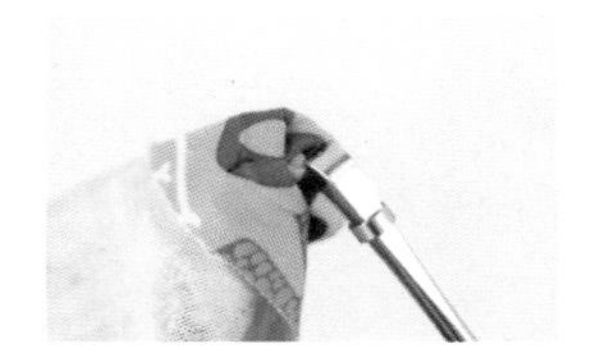
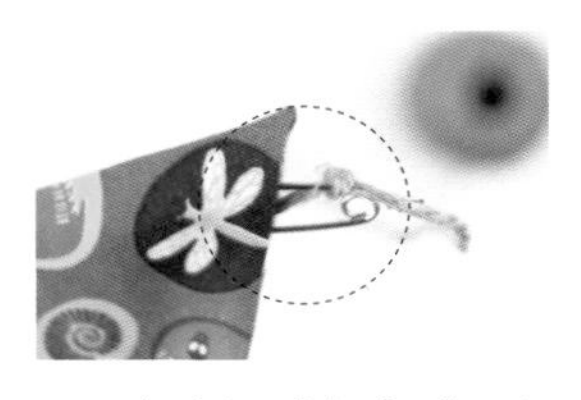

05 창구멍으로 뒤집은 후 다려서 모양을 잡는다. 나머지 준비한 원단 개수만큼 1~5 과정을 반복한다.

06 옷핀을 이용해 마끈을 창구멍으로 넣어 원단을 모두 연결한다.

07 위쪽에 창구멍을 내서 뒤집는 것이 어렵다면 창구멍을 옆선에 내고, 공그르기로 막은 뒤 끈을 집게로 집거나 글루건으로 붙여도 된다. (81p 참고)

LESSON

2

하트 가랜드

Ready

난이도 ★★

완성 사이즈 10*60~80cm

[준비물]

실물 패턴 B면

원단 6~8종류, 각 1장

마끈 1개

집게(원단 개수만큼) 또는 글루건

[재단] 시접 포함

원단 6~8종류, 각 2장(13*10.5cm) 12~14장

마끈 80~100cm

[알아야 할 팁] 창구멍과 공그르기-32p

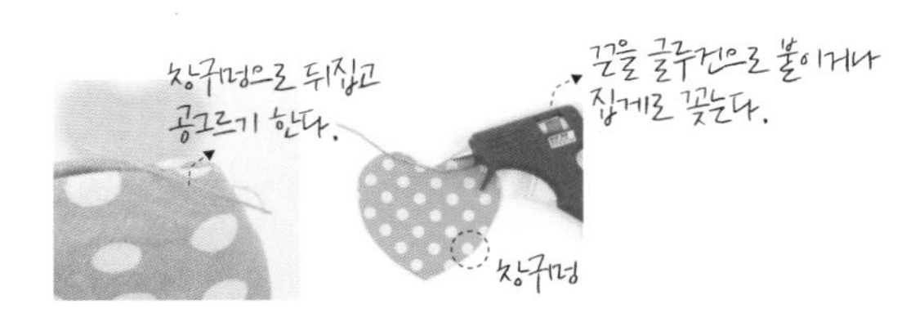

만드는 방법은 삼각 가랜드와 같으나 창구멍을 남길 위치, 끈을 연결하는 방식은 다르다. 위의 사진을 참고한다.

LESSON

3

곡물 핫팩

Ready

난이도 ★★

완성 사이즈 10*14cm

[준비물]

실물 패턴 B면

겉감 원단 1장

속통 원단 1장

팥 또는 현미 두 주먹 정도

[재단] 시접 포함

앞판(12*16cm) 1장

뒤판1 (12*15cm) 1장

뒤판2(12*11cm) 1장

속통감(12*16cm) 2장

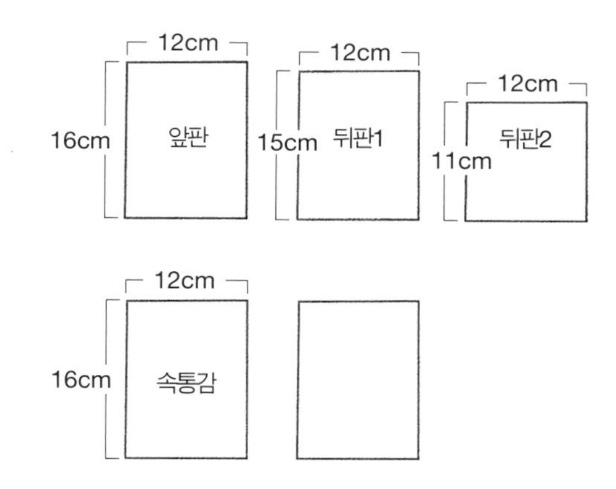

[알아야 할 팁] 창구멍과 공그르기, 시접 처리하기(오버로크) - 32, 37p

01 겉감, 속통 원단을 각각 사이즈에 맞춰 재단한다.

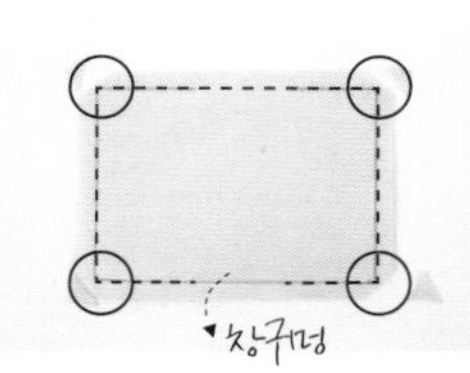

02 속통감 2장을 창구멍만 남기고 테두리를 재봉한다. 모서리 네 군데 모두 시접을 대각선으로 잘라 낸다.

03 2를 뒤집은 다음 팥 또는 현미를 넣고 공그르기로 창구멍을 막아 속통을 완성한다.

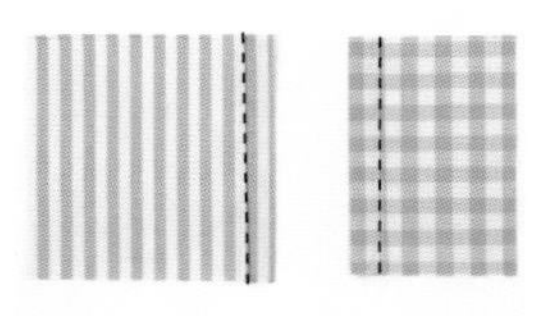

04 뒤판 2장 각각 한쪽 옆면 시접을 1.5cm씩 두 번 접어 상침한다.

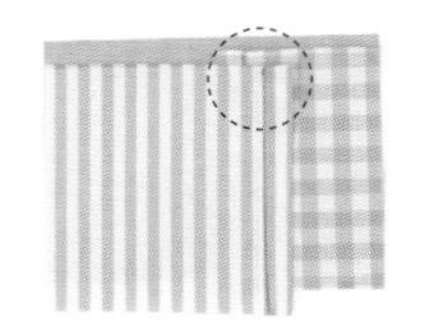

05 앞판 겉면 위에 4를 겉면끼리 마주 닿게 놓는다. 앞판과 가로 길이가 같아지도록 뒤판1, 2를 겹쳐 놓아야 한다.

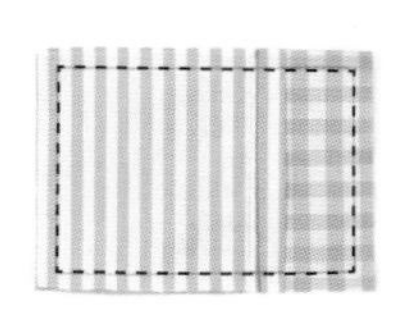

06 5를 직사각형 모양으로 한 바퀴 재봉한다. 이때 창구멍은 없어도 된다.

07 테두리를 전부 시접 처리한다.

08 뒤판 2장 사이로 뒤집은 뒤, 속통을 넣어 완성한다.

TIP

이 작품은 납작한 속통의 커버용 제품을 만들 때 주로 쓰이는 방법으로, 만드는 과정도 쉽다.
특히 지퍼가 없기 때문에 사용 시 배기거나 불편하지 않아 유아용 베개나 어린아이 용품으로 만들기 좋다.

코코지니
one point lesson

패턴 응용하기

커버(여밈형) 제품 패턴 계산법 * 시접 1cm 기준. 사이즈가 큰 작품은 시접 2cm씩 주는 게 좋다.

제품에 넣을 속통의 가로, 세로 길이를 잰다.

- 앞판 : 가로 + 2cm, 세로 + 2cm
- 뒤판1 : 가로/2 + 4cm, 세로 + 2cm
- 뒤판2 : 가로/2 + 14cm, 세로 + 2cm * 제품의 크기에 따라 뒤판1, 2의 가로에 더하는 값은 달라질 수 있다.

커버 제품 응용 예 1. **유아 베개**

완성 사이즈 : 36 * 22cm

재단(시접 1cm) : 앞판(38 * 24cm) 1장, 뒤판1(22 * 24cm) 1장, 뒤판2(32 * 24cm) 1장

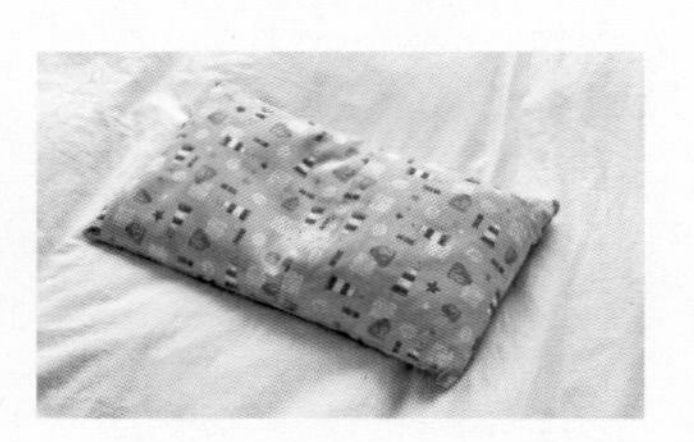

커버 제품 응용 예 2. **방석 커버1**

완성 사이즈 : 40 * 40cm

재단(시접 2cm) : 앞판(44 * 44cm) 1장, 뒤판1(25 * 44cm) 1장, 뒤판2(35 * 44cm) 1장

커버 제품 응용 예 3. **방석 커버2**

완성 사이즈 : 50 * 50cm

재단(시접 2cm) : 앞판(54 * 54cm) 1장, 뒤판1(31 * 54cm) 1장, 뒤판2(41 * 54cm) 1장

LESSON
4

쿠션 커버

Ready

난이도 ★★★☆

완성 사이즈 40*40cm

[준비물]

원단 1장, 속통 1개

홈패션용 줄지퍼 1개

지퍼 슬라이더 1개

[재단] 시접 포함

앞판(44*44cm) 1장

뒤판1, 2(44*25cm) 2장

줄지퍼(35cm) 1개

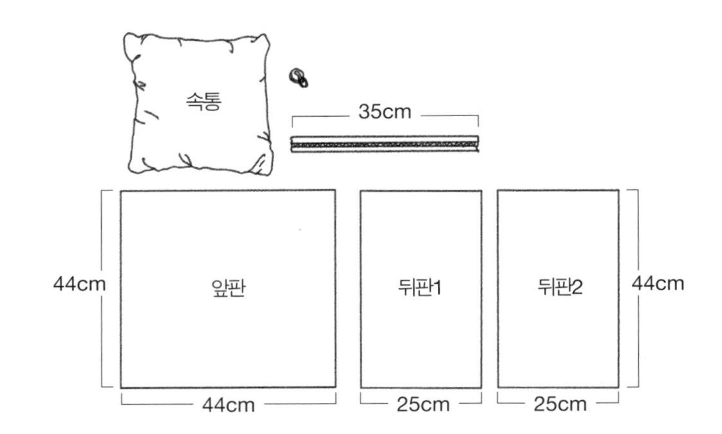

[알아야 할 팁] 시접 처리하기(오버로크), 줄지퍼 활용하기 - 37, 39p

01 원단을 제시된 사이즈에 맞춰 재단하고 준비물을 준비한다.

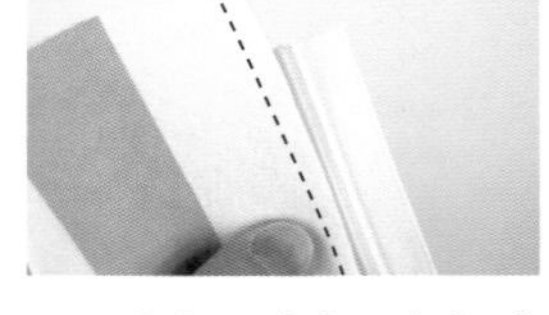

02 뒤판1, 뒤판2 각각 가로 한 면만 시접 처리한다. 시접 처리한 뒤판1을 2cm 접어 다린 뒤, 지퍼 위에 올려놓고 재봉한다.

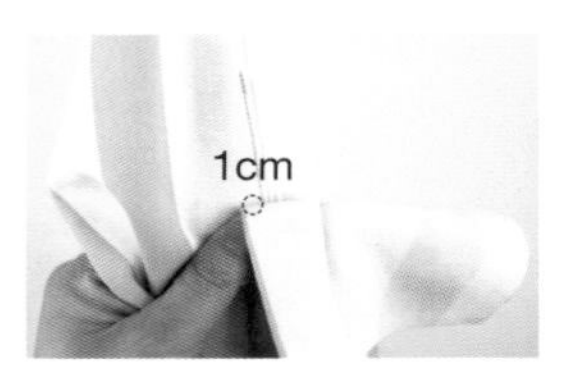

03 시접 처리한 뒤판2는 3cm 접어 다린 뒤, 2 위에 원단끼리 1cm 겹쳐지도록 올려놓고, 시침핀으로 고정한다.

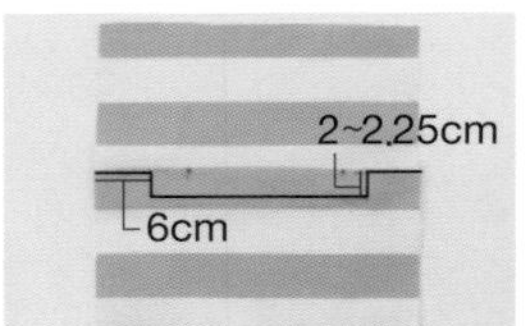

04 핀으로 고정한 후, 수성펜을 이용하여 사진처럼 선을 긋는다(옆에서 6cm 떨어진 곳, 2~2.5cm 간격).

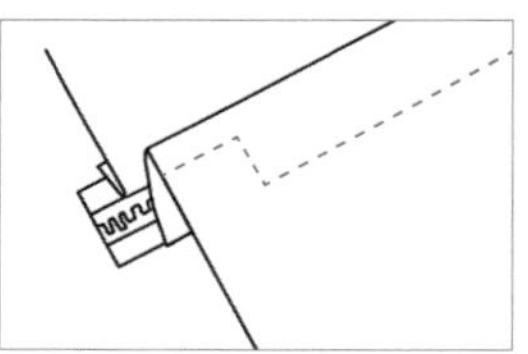

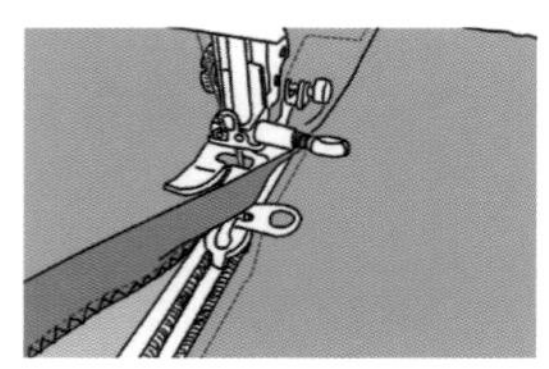

05 지퍼 슬라이더를 끼운다. 4에서 그린 선을 따라 재봉하는데 아래 면의 지퍼 시접도 같이 박혀지는지 확인한다. 중간쯤 박은 뒤 바늘을 꽂은 채 노루발을 올리고 지퍼 슬라이더를 위로 보낸다. 나머지 선도 끝까지 재봉한다.

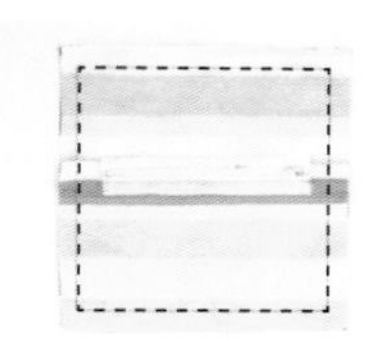

06 앞면 원단과 5를 겉면끼리 마주 닿게 놓고, 40*40cm 정사각형을 그린 후, 선대로 재봉한다. 테두리는 시접 처리한다.

07 지퍼를 열어 뒤집고 속통(솜)을 넣는다.

코코지니
one point lesson

패턴 응용하기

커버(지퍼) 제품 패턴 계산법

속통(솜)의 가로, 세로 길이를 잰다.

– 앞판(1장) : 가로 + 4cm, 세로 + 4cm

– 뒤판(2장) : 가로 + 4cm,
세로/2 + 2cm(시접) + 3cm

커버(지퍼) 제품 응용 예. **방석 커버**

완성 사이즈 : 50 * 50cm

재단(시접 포함 – 2cm) : 앞판(54 * 54cm) 1장,
뒤판(54 * 30cm) 2장

LESSON

5

갑티슈 커버

Ready

난이도 ★★

완성 사이즈 24*11.5*11.5cm

갑티슈는 제품마다 사이즈가 다르니 사용할 제품의 가로, 세로, 높이 길이를 잰 뒤 TIP을 참고해 재단한다.

[준비물]

실물 패턴 B면

원단 1장

[재단] 시접 포함

원단(51*22.25cm) 2장

[알아야 할 팁] 시접 처리하기(오버로크) - 37p

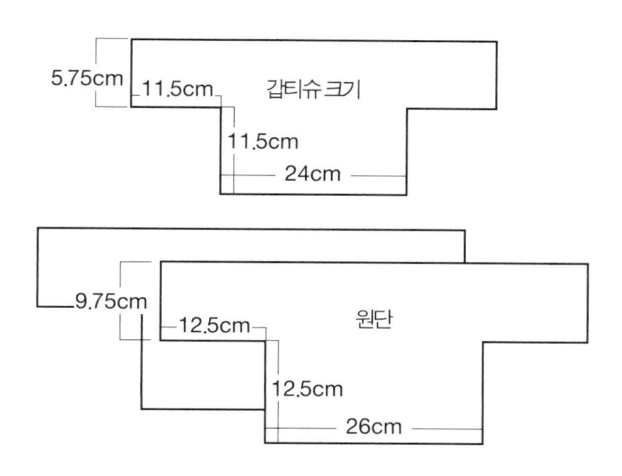

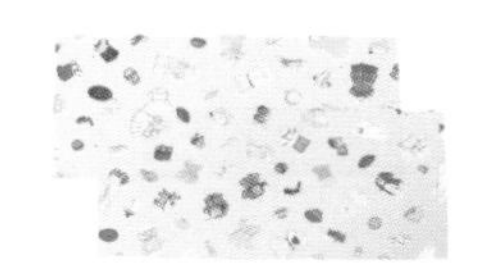

01 원단은 갑티슈 크기를 고려하여 사이즈에 맞춰 재단한다.

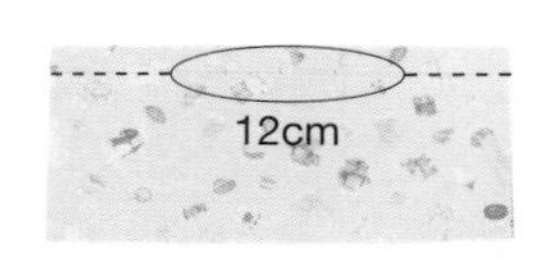

02 원단 2장을 겉면끼리 마주 닿게 놓고 긴 변을 시접 3cm 주어 재봉한다. 티슈가 나오는 가운데 부분 12cm는 재봉하지 않는다.

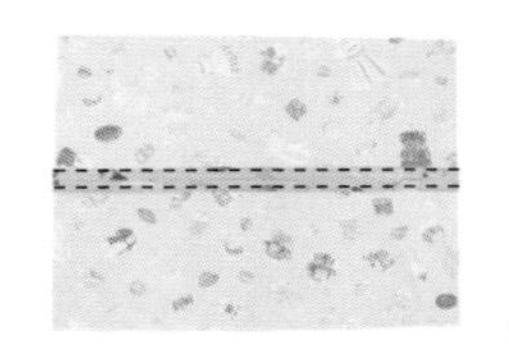

03 2의 솔기를 가름솔로 다리고 양쪽 시접을 1.5cm씩 두 번 접어 상침한다.

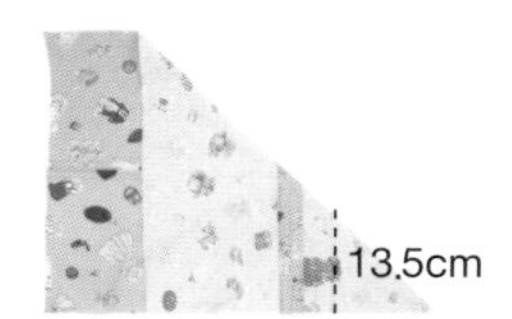

04 모서리를 사진처럼 접어서 13.5cm(티슈의 높이 + 2cm) 더한 만큼 재봉한다.

05 각 모서리마다 네 번 해 주고, 시접은 1cm 남기고 자른다.

06 잘라 낸 단면 끝을 시접 처리한다.

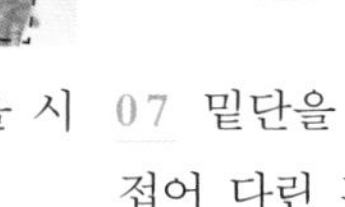

07 밑단을 1cm씩 두 번 접어 다린 뒤 한 바퀴 상침한다.

TIP

갑티슈는 상품마다 크기가 약간씩 다르기 때문에 옆을 참고해 직접 재서 계산한다.

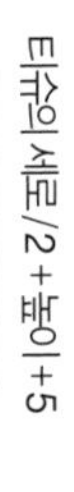

티슈의 가로+2(높이+2)

LESSON

6

벽걸이용 갑티슈 커버

Ready

난이도 ★★☆

완성 사이즈 24*11.5*11.5cm

[준비물]

원단 두 종류, 각 1장

끈 1개

[재단] 시접 포함

원단 두 종류(40*48cm) 각 1장

끈(25cm) 1개

[알아야 할 팁] 창구멍과 공그르기-32p

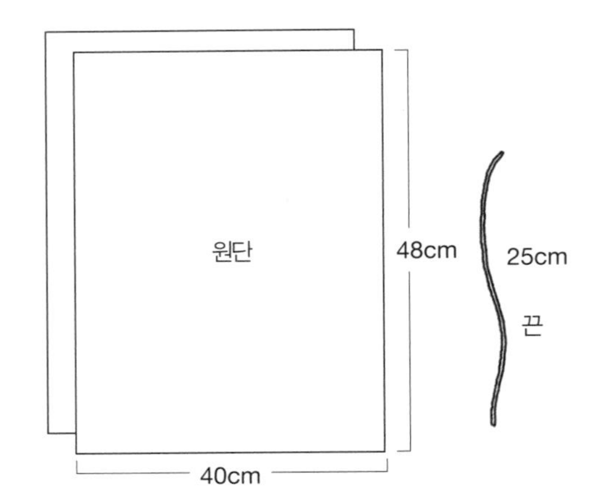

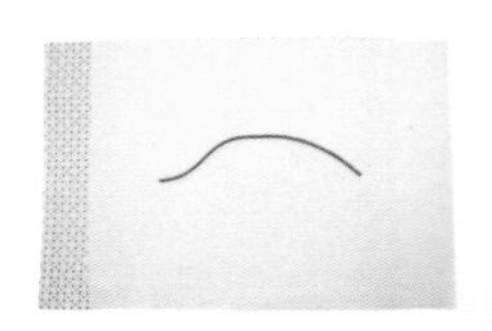

01 원단은 갑티슈 크기를 고려하여 사이즈에 맞춰 재단한다.

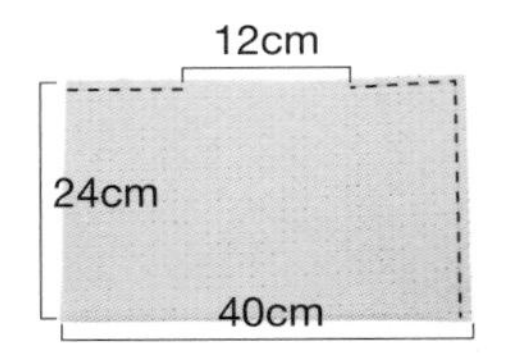

02 원단 하나를 반 접고 양옆을 ㄱ자로 재봉한다. 이때, 가운데 부분 12cm는 재봉하지 않는다.

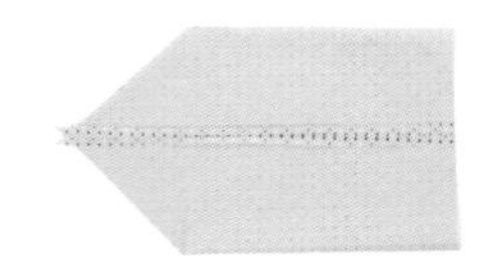

03 재봉하지 않은 티슈 입구(12cm)가 가운데로 오게 해서 전체를 다린다. 입구의 시접은 갈라서 다린다.

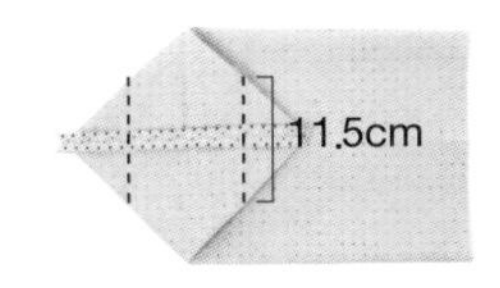

04 티슈의 세로 길이만큼 선을 긋고(중앙선과 수직이 되도록) 재봉한다.

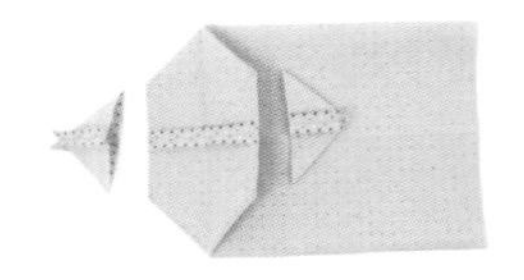

05 4의 양옆 시접을 자른다. 나머지 원단도 2~5번 과정을 반복한다.

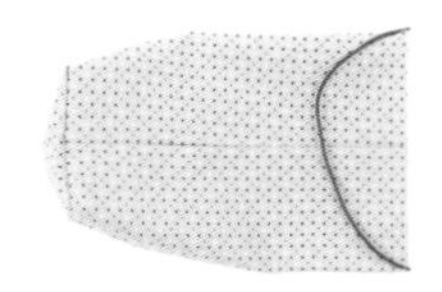

06 커버 양 끝 겉면에 끈을 상침하거나 혹은 시침핀으로 고정시킨다.

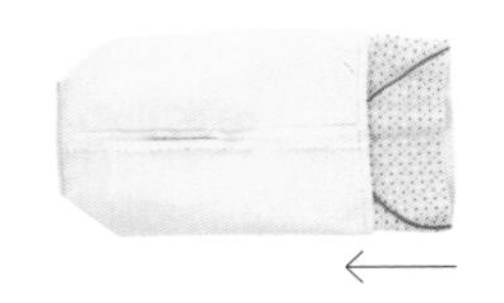

07 원단 1장을 뒤집고 겉면끼리 마주 닿도록 다른 커버의 속에 넣는다.

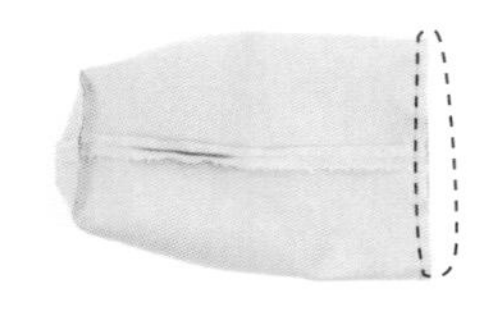

08 옆선끼리 잘 맞춘 후 입구를 한 바퀴 재봉한다.

09 2에서 재봉하지 않고 남겨 둔 티슈 입구를 통해 뒤집는다.

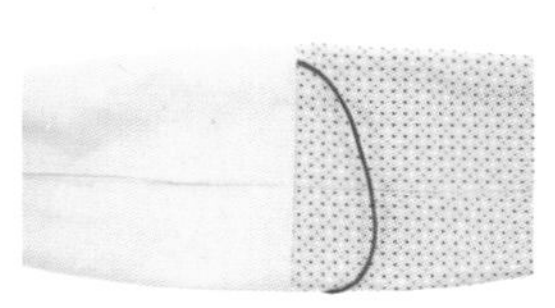

10 두 커버를 양쪽으로 잡아당겨 다린 후 안감 커버를 겉감 커버 속에 넣는다.

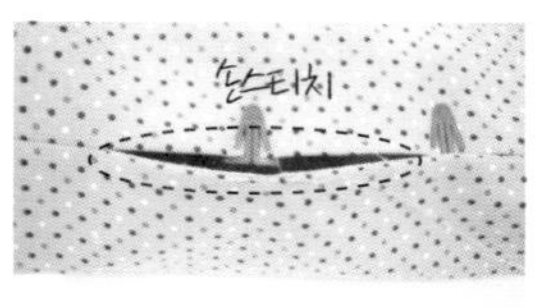

11 티슈가 나올 입구를 공그르기하거나 손스티치로 막는다.

12 티슈를 넣고 벽에 걸면 완성이다.

벽에 걸지 않고 내려놓고 사용할 때에는 입구를 잘 모아 끈으로 묶어 주면 깔끔하게 된다.

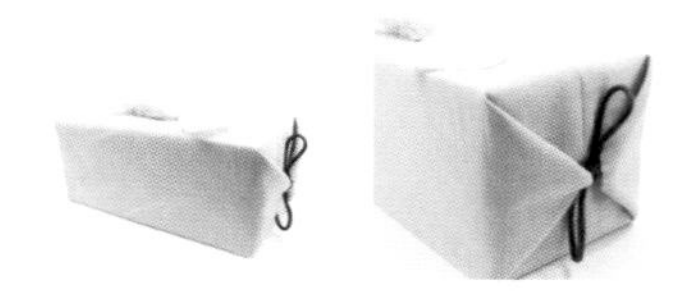

갑티슈는 상품마다 크기가 약간씩 다르기 때문에 아래를 참고해 직접 재서 계산한다. 벽걸이용 커버는 갑티슈 커버와 재단 방법이 다르다.

–원단 가로 : 티슈의 가로 + 16cm

–원단 세로 : 티슈를 감싸 주는 둘레의 길이(세로+높이) * 2) + 2cm(시접 포함)

LESSON

7

룸슈즈

Ready

난이도 ★★★☆

완성 사이즈 10.5*25.5cm

[준비물]

실물 패턴 B면

원단 두 종류 각 1장

접착솜(4온스)

[재단] 시접 포함

발등(19*22.5cm) 4장

발바닥(12.5*27.5cm) 4장

발등 접착솜(17*20.5cm) 2장, 발바닥 접착솜(10.5*25.5cm) 4장

[알아야 할 팁] 창구멍과 공그르기, 접착솜 붙이기-32~33p

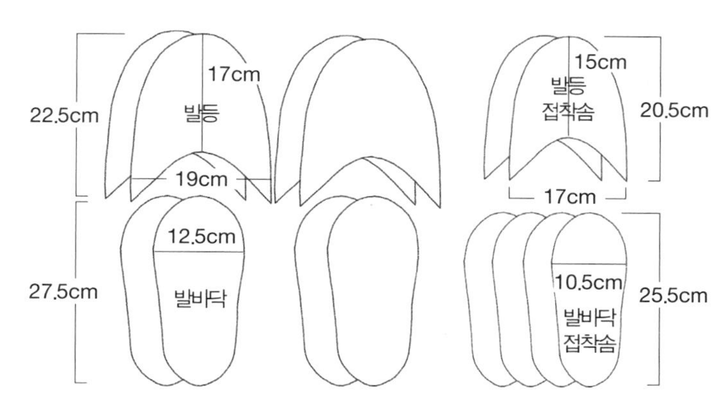

※ 패턴의 가로 길이는 가장 넓은 부분 기준으로 작성했다. 상세 사이즈는 실물 패턴을 참고하자.

01 원단과 접착솜을 제시된 사이즈에 맞춰 재단한다.

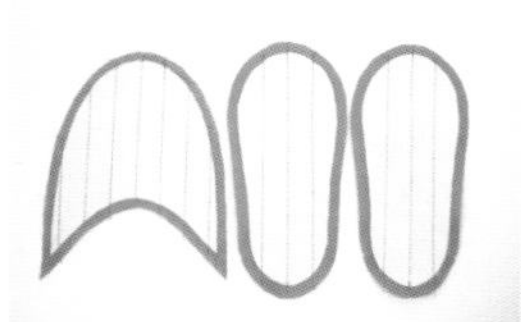

02 발등 원단 1장, 발바닥 원단 2장에 접착솜을 붙이고 여러 줄로 누비듯 재봉한다.

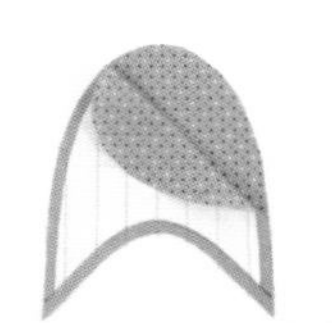

03 2의 발등 원단과 다른 발등 원단을 겉면끼리 마주 닿게 놓고 아랫부분 곡선만 재봉한다.

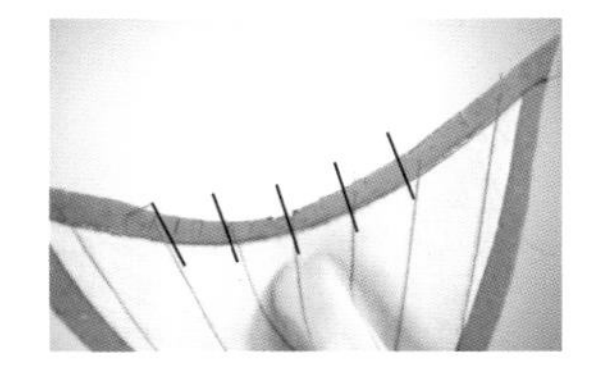

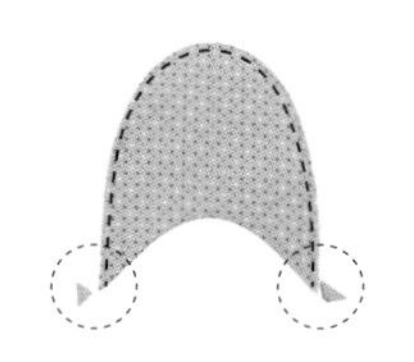

04 3의 시접에 가윗밥을 주고 뒤집어서 솔기를 다림질로 정리한다. 위쪽 테두리는 시접 0.7cm를 주고 재봉하여 고정하고 끝부분 시접은 잘라 낸다.

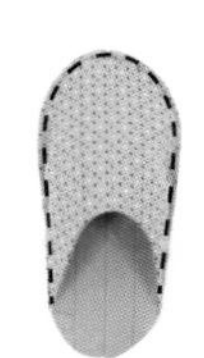

05 발바닥 원단1 위에 4를 올려놓고 테두리는 시접 0.7~0.8cm를 주어 상침하여 고정한다.

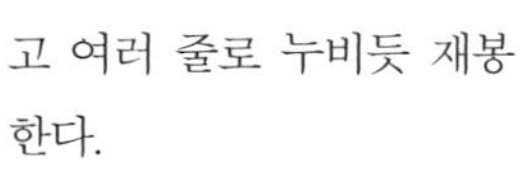

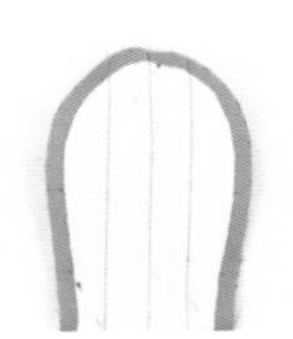

06 5의 위에 발바닥 원단 2를 겉면끼리 마주 닿게 올려놓는다. (발등 원단은 잠시 구겨서 안쪽으로 완전히 들어가게 만든다.)

07 시접 1cm을 주어 테두리를 재봉한다. 옆선 8~10cm는 창구멍으로 남겨 둔다. 창구멍 시접은 제외하고, 나머지 시접은 약 0.3cm 남기고 자른다.

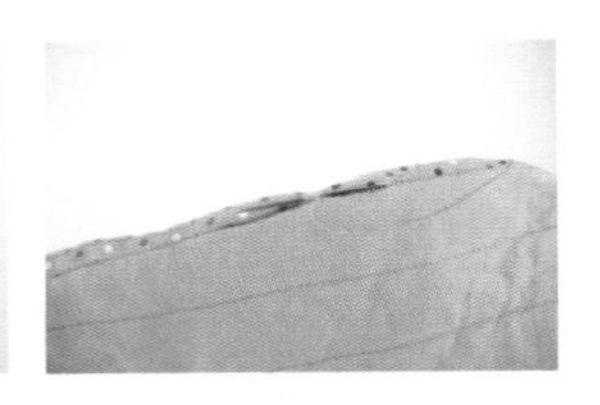

08 창구멍으로 뒤집고 공그르기로 막는다.

09 2~8과정대로 나머지 한 짝도 만들어 룸슈즈를 완성한다.

LESSON

8

발매트

Ready

난 이 도 ★★★☆

완성 사이즈 70*50cm

[준비물]

도톰한 원단(혹은 누빔지) 1장

수건(또는 미끄럼 방지 천) 1장

바이어스 1장

[재단] 시접 포함

원단(70*50cm) 1장

수건(또는 미끄럼 방지 천/70*50cm) 1장

바이어스(250*12.5cm) 1장

원단과 수건의 두께를 감안하여 바이어스의 폭은 12.5cm로 재단했다.

[알아야 할 팁] 창구멍과 공그르기, 접착솜 붙이기, 바이어스 활용하기 - 32~33, 42p

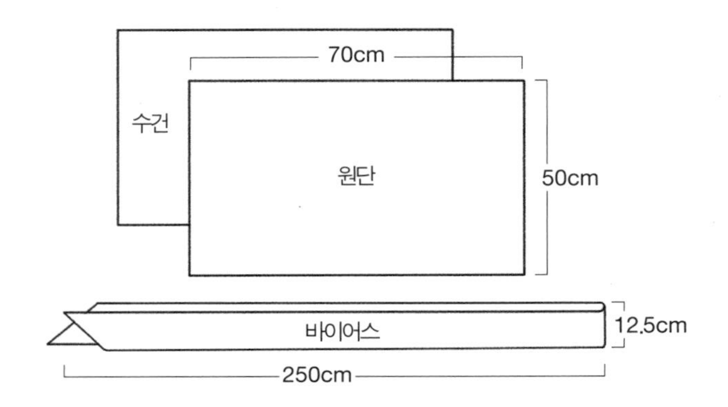

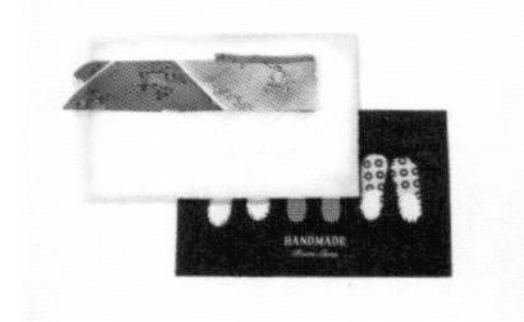

01 원단을 제시된 사이즈에 맞춰 재단하고, 바이어스도 준비한다.

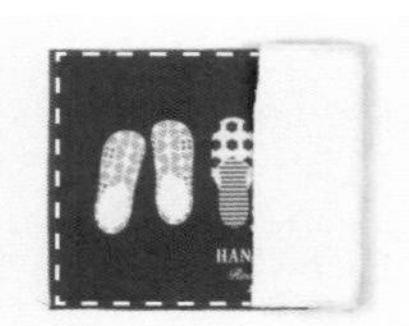

02 수건(또는 미끄럼 방지 천) 위에 원단 안쪽 면이 마주 닿게 올려놓고 테두리를 재봉하여 고정시킨다.

03 테두리를 바이어스로 감싸 준다. 감싼 바이어스를 다리미로 다려서 반듯한 직사각형 모양으로 잡아 준다.

* 42p의 바이어스 활용하기를 참고한다.

TIP

바이어스를 직선으로만 길게 감싸 줄 때는 식서 방향으로 재단해야 밀리지 않고 재봉이 잘 된다.

HANDMADE
Room Shoes

SK telecom

SEWING PATTERN

III

휴대용 소품

LESSON

1

매직 파우치

Ready

난이도 ★☆

완성 사이즈 13*12cm

[준비물]

실물 패턴 C면

겉감 1장, 안감 1장

접착솜 1장(생략 가능)

[재단] 시접 포함

겉감(15*34cm) 1장

안감(15*34cm) 1장

접착솜(13*32cm) 1장

[알아야 할 팁] 창구멍과 공그르기, 접착솜 붙이기 - 32~33p

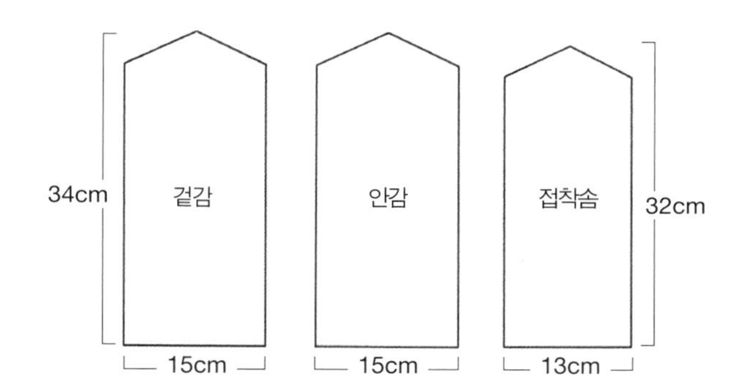

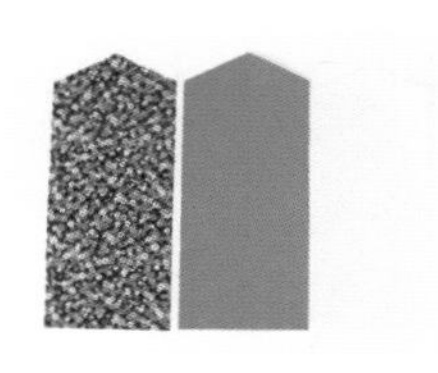

01 원단과 접착솜을 제시된 사이즈에 맞춰 재단한다.

02 접착솜을 겉감 뒷면에 붙인다. 원단 자체가 두껍다면 생략해도 된다.

03 겉감과 안감을 겉면끼리 마주 닿게 놓고 패턴대로 재봉한다. 창구멍 5~6cm는 남기고 재봉한다. (창구멍 위치는 실물 패턴을 참고한다.)

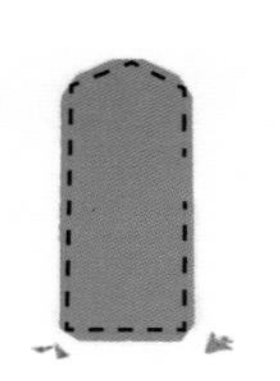

04 모서리 다섯 군데 모두 시접을 대각선으로 자른다.

05 창구멍으로 뒤집고 다리미로 모양을 잡는다.

06 패턴에 표시된 선에 맞춰서 접은 뒤, 양옆 접힌 부분만 상침한다. (창구멍은 저절로 막히므로 공그르기를 할 필요는 없다.) 덮개는 자석단추나 똑딱단추 등을 달면 더욱 유용하다.

코코지니
one point lesson

응용 작품_덮개형 카드지갑

난이도 ★☆

완성 사이즈 12*8cm

[준비물]

겉감 1장, 안감 1장, 접착솜

[재단] 시접 포함

겉감(14*22cm) 1장

안감(14*22cm) 1장

접착솜(12*20cm) 1장 (생략 가능)

[알아야 할 팁] 창구멍과 공그르기, 접착솜 붙이기 - 32~33p

만드는 방법은 매직 파우치와 같고, 원단만 오각형이 아닌 직사각형 모양이라는 차이점이 있다.

LESSON

2

카드 지갑

Ready

난이도 ★★

완성 사이즈 16*11cm(펼친 상태)

8*11cm(접은 상태)

[준비물]

원단 두 종류, 각 1장

접착솜(원단이 두툼하다면 생략 가능)

카드 속지끈과 단추(생략 가능)

슬랏 또는 포켓

[재단] 시접 포함

겉감(18*13cm) 1장

안감(18*13cm) 1장

슬랏감(13*13cm) 2장 *슬랏감 : 무엇을 집어넣도록 만든 구멍

접착솜(16*11cm) 1장

[알아야 할 팁] 창구멍과 공그르기, 접착솜 붙이기 - 32~33p

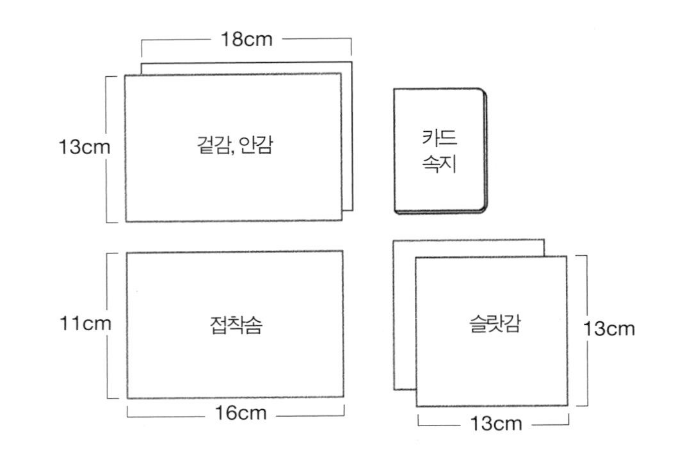

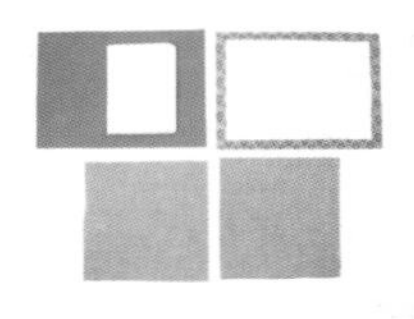

01 원단을 제시된 사이즈에 맞춰 재단하고 카드 속지를 준비한다. 겉감 뒷면에 접착솜을 붙인다.

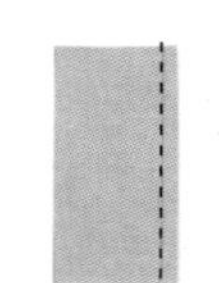
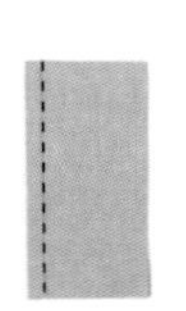

02 슬랏감 13*13cm를 겉면이 보이도록 반 접고, 접은 선 1cm 옆선에서 상침한다.

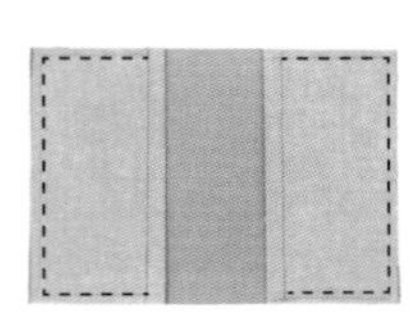

03 2를 안감 겉면 위 양쪽에 올려놓고 재봉하여 고정시킨다. 시접은 0.5~0.7cm 정도 준다.

04 3과 겉감을 겉면이 마주 닿게 놓는다.

05 창구멍 8cm를 남기고 테두리를 재봉한다. 모서리 네 군데 시접은 대각선으로 자른다.

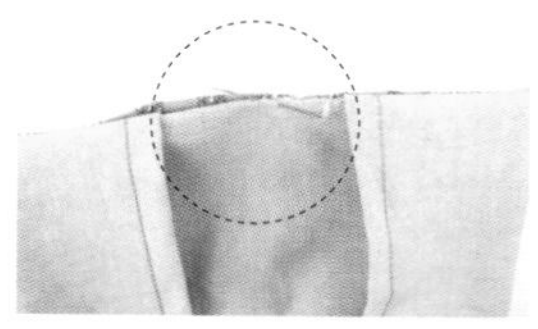

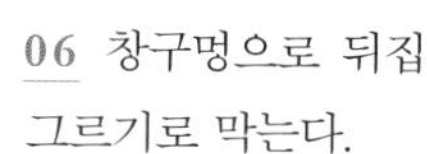

06 창구멍으로 뒤집고 공그르기로 막는다.

07 다리미로 잘 다린 후, 카드 속지를 끼우면 카드 지갑이 완성된다.

TIP

끈과 단추를 달고 싶으면 과정 5를 하기 전 겉감 위에 끈을 재봉해 미리 고정시켜 둔다. 끈을 끼워 박고 완성 후 겉면 위에 단추를 단다.

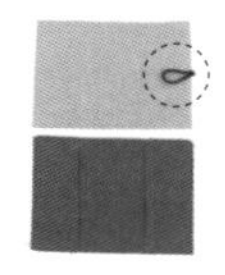

코코지니
one point lesson

응용 작품_ 북 커버

난이도 ★★

완성 사이즈 (책 가로+1cm) * (책 세로+1cm)

[준비물]

원단 1장

책 1권(자유롭게 선택)

[재단] 시접 포함

겉감, 안감 각1장

- 가로 = 책 가로*2 + 책 세로 + 시접 2cm + 여유분
- 세로 = 책 세로 + 시접 2cm + 여유분

* 얇은 책이라면 여유분은 1cm. 책이 두껍거나 빽빽하다면 여유분은 2cm를 준다.

슬랏원단 2 장

- 가로 = 책 가로 ÷ 2 + 시접 2cm
- 세로 = 책 세로 + 시접 2cm + 여유분

만드는 방법은 카드 지갑과 같으므로 참고한다.

LESSON

3

교통카드 지갑

Ready

난이도 ★★☆

완성 사이즈 8*11cm

[준비물]

실물 패턴 C면

원단

접착솜(2온스, 원단이 두툼하다면 생략 가능)

D링 또는 끈

[재단] 시접 포함

겉감1(8*11cm) 2장

겉감2(앞 포켓감)(8*15cm) 1장

겉감3(삼각 포켓감)(4*4cm) 1장

겉감4(끈 포켓감)(4*5cm) 1장

접착솜(8*11cm) 1장(생략 가능)

바이어스감(4*45cm) 1장(생략 가능)

[알아야 할 팁] 바이어스 활용하기-42p

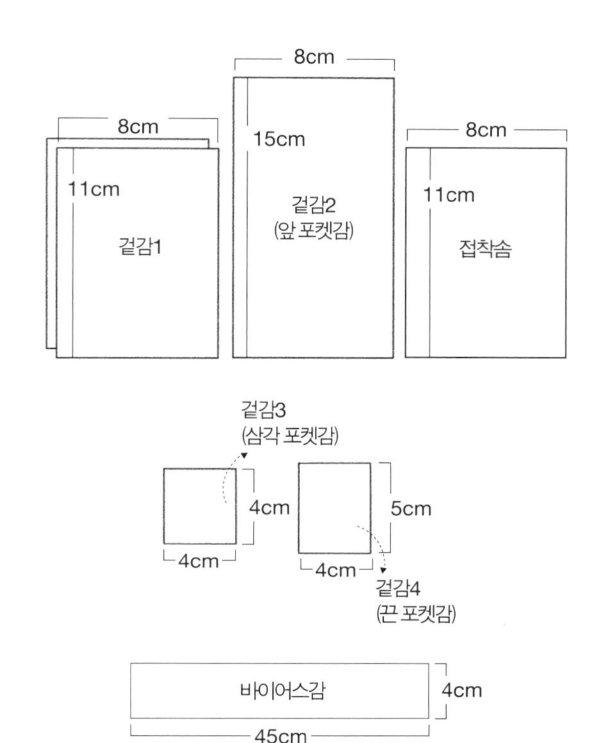

01 원단을 제시된 사이즈에 맞춰 재단한다.

02 겉감1 뒷면에 접착솜을 붙인다. 혹 원단이 두껍다면 이 과정은 생략해도 된다.

03 겉감1, 2를 겉면이 보이도록 놓고, 시접은 0.7cm를 주어 테두리를 재봉한다.

04 겉감2 8*15cm를 세로로 반 접어, 접은 선 1cm 아래에서 상침한다.

뒤에 계속!

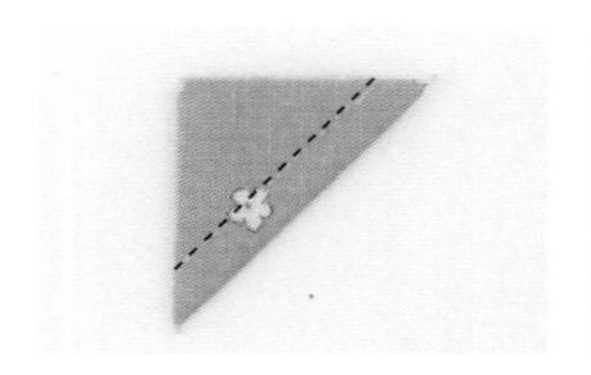

05 겉감3은 대각선으로 반 접어 상침한다.

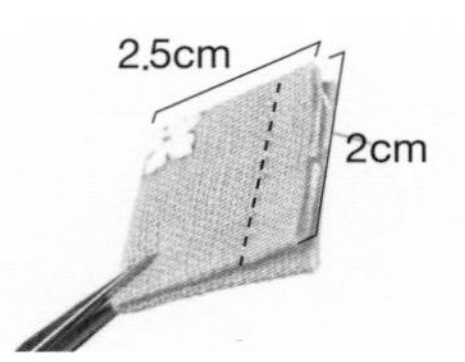

06 겉감4는 5*2cm 사이즈가 되도록 모아 접고 다시 반 접어 시접 0.7cm를 주고 재봉한다.

07 3의 위에 4, 5, 6을 사진처럼 놓고 시접은 0.7cm를 주고 재봉하여 고정시킨다.

08 7의 테두리를 바이어스로 감싸준다.

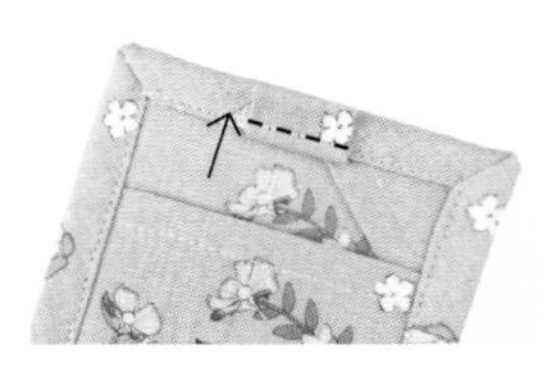

09 상단 고리를 위쪽으로 꺾어 상침한다.

10 카드를 넣어 윗면 대각선 포켓에 끼우면 밖으로 빠지지 않는다. 고리에 끈을 끼워 목걸이로 걸거나 가방에 연결하면 휴대하기 편리하다.

LESSON

4

마카롱 키홀더

Ready

난이도 ★★★★

완성 사이즈 약5*5cm

[준비물]

실물 패턴 C면

원단 두 종류, 각 1장

접착솜(2온스) 4장

마카롱용 싸개단추 2개

플라스틱 또는 빳빳한 종이 2장

줄지퍼 1개, 키홀더

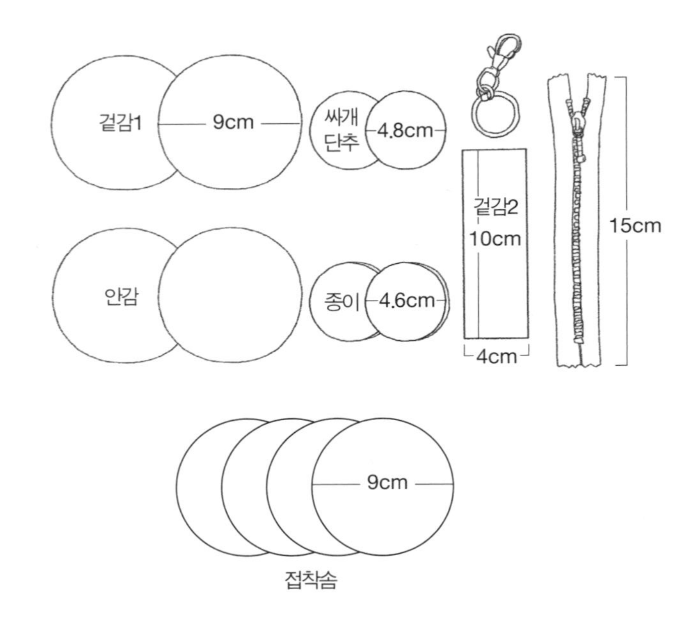

[재단] 시접 포함

겉감1(지름 9cm) 2장, 겉감2(4*10cm) 1장

안감(지름 9cm) 2장, 접착솜(지름 9cm) 4장

마카롱용 싸개단추(지름 4.8cm) 2개

플라스틱 또는 빳빳한 종이(지름 4.6cm) 2장

줄지퍼(15cm) 1개

키홀더

[알아야 할 팁] 창구멍과 공그르기 - 32p

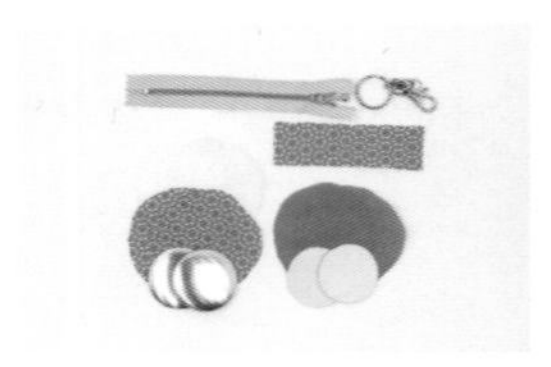

01 원단을 제시된 사이즈에 맞춰 재단하고, 재료를 준비한다.

02 겉감2 4*10cm를 모아 접고 재봉하여 1*10cm 끈으로 만든다.

03 지퍼 양끝은 손바느질하여 연결하고 나머지 지퍼 시접은 잘라 낸다.

04 2의 끈으로 3을 감싸 손바느질로 고정한다.

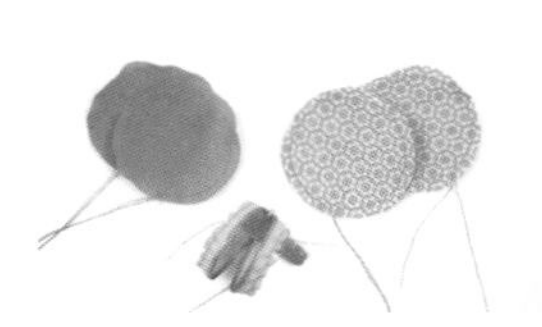

05 겉감 2장, 안감 2장, 지퍼 시접을 각각 큰 땀으로 재봉하거나 손으로 홈질한다.

06 겉감 안쪽에는 접착솜과 싸개단추를 올려놓고, 안감 안쪽에는 접착솜과 플라스틱 또는 빳빳한 종이를 올려놓는다.

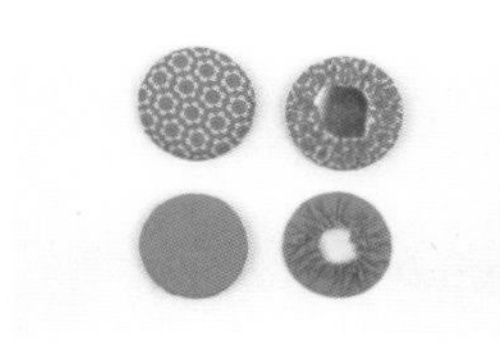

07 홈질한 실을 쭉 잡아당겨서 동그란 모양을 만들고, 실은 매듭을 지어 모양을 고정시킨다.

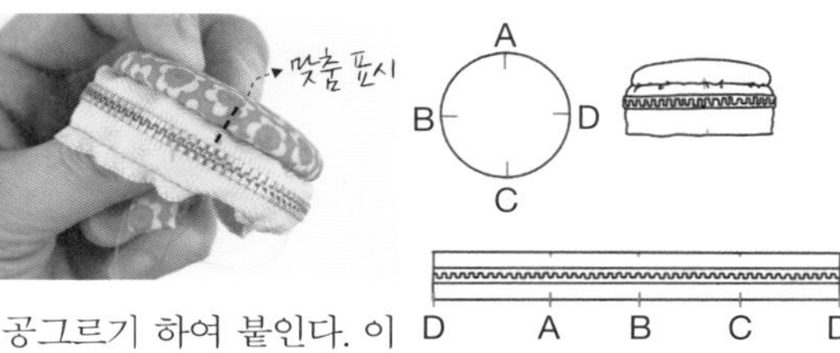

08 지퍼와 마카롱 겉 부분을 공그르기 하여 붙인다. 이때 마카롱 겉 부분과 지퍼에 4분의 1, 2, 3을 표시하여 맞춰가면서 공그르기 해야 틀어지지 않고 예쁘게 된다.

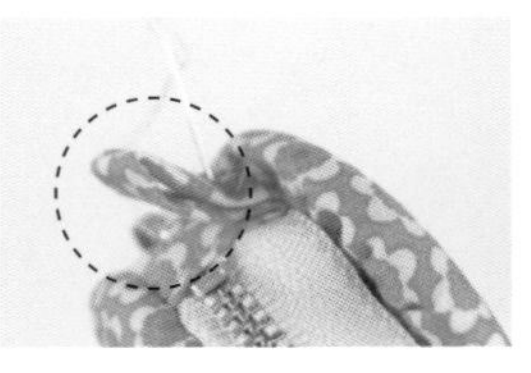

09 한쪽을 완성한 후 반대쪽 마카롱 겉 부분도 같은 방법으로 붙인다. 열쇠고리용 끈은 바깥으로 빼고 공그르기한다.

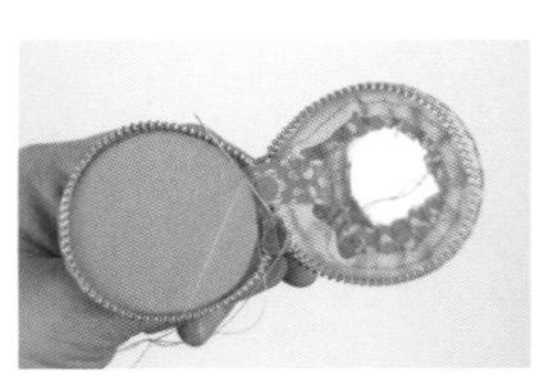

10 7에서 만든 안감 플라스틱도 지퍼 안쪽에서 공그르기 하여 붙인다. 약간 입술을 뒤집는다는 느낌으로 하면 이해하기 쉽다.

11 끈에 열쇠고리를 끼워 주면 완성이다. 마카롱 안쪽에 거울을 붙여 주면 더욱 유용하다.

LESSON
5

한겹 스트링 주머니

Ready

난이도 ★★

완성 사이즈 11*15cm

[준비물]

실물패턴 C면

원단 1장, 얇은 끈 1개

[재단] 시접 포함

원단(36*13cm) 1장

조각 원단(8*6cm) 1장, 끈 30cm

[알아야 할 팁] 시접 처리하기(오버로크)-37p

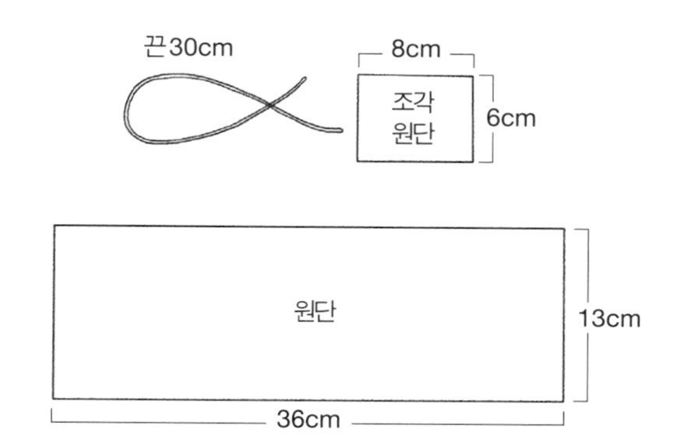

01 원단을 제시된 사이즈에 맞춰 재단하고 테두리를 시접 처리(오버로크)한다.

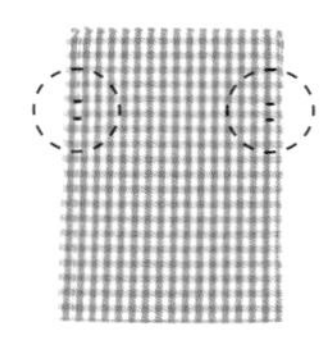

02 겉면끼리 마주 닿게 놓고 반 접어 재봉한다. 패턴에 표시된 두 군데는 재봉하지 않는다.

03 시접을 양쪽으로 갈라 윗부분만 다리미로 다린다.

04 위에서 3cm 접어 다린 뒤, 접은 선에서 각각 1.5cm, 2.5cm 내려온 선 두 군데를 각각 한 바퀴씩 재봉한다.

05 원단을 뒤집고, 옷핀을 이용해 4에서 재봉한 두 군데 사이로 끈을 끼우고 매듭지어 완성한다.

코코지니
one point lesson

원단으로 방울 만들기

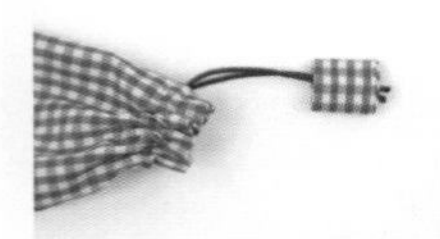

1 조각 원단 8 * 6cm를 가로로 반 접어 4 * 6cm 크기로 만들고, 시접 1cm를 두어 재봉하여 3 * 6cm의 원통을 만든다.

2 1의 시접을 갈라서 다리고, 원통이 안쪽으로 겹쳐지도록 반을 접는다.

3 주머니 끈의 방향을 고려하여 2의 원통 속에 넣는다.

4 원통 끝에서 끈을 감싸 모아 접어 재봉한다. 원단이 두꺼워지므로 재봉에 주의한다.

5 원통을 밖으로 뒤집으면 꽃봉오리 모양의 방울이 된다.

패턴 응용하기

스트링 제품 응용 예 1. 화장품 파우치

완성 사이즈 : 15 * 20cm

재단(시접 포함) : 17 * 46cm

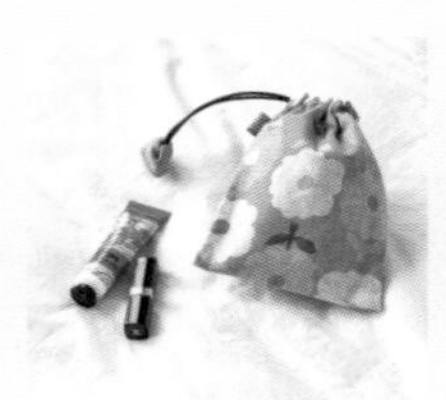

만드는 방법은 한 겹 스트링 주머니와 같으나 과정 4에서 위에서 3cm를 접고, 접은 선에서 2cm 내려온 선을 한 번 재봉한다.

LESSON

6

양면 스트링 주머니

Ready

난이도 ★★☆

완성 사이즈 22*20*6cm

[준비물]

실물 패턴 C면

원단 세 종류, 각 1장

[재단] 시접 포함

겉감1(24*46cm) 1장

겉감2(24*46cm) 1장

덧댈 장식 원단(20*24) 1장(생략 가능)

스트링 끼울 원단(6*24cm) 2장

끈 마감용 원단(8*10cm) 2장

끈(52cm) 2개

[알아야 할 팁] 창구멍과 공그르기-32p

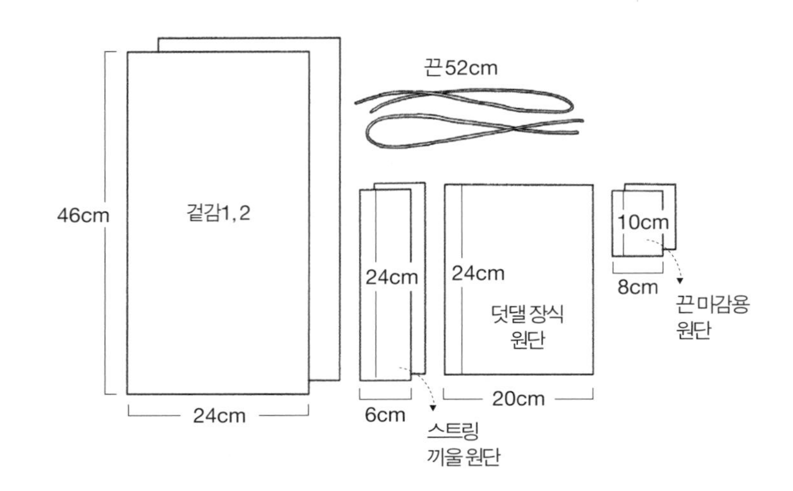

01 원단을 제시된 사이즈에 맞춰 재단하고, 끈을 준비한다.

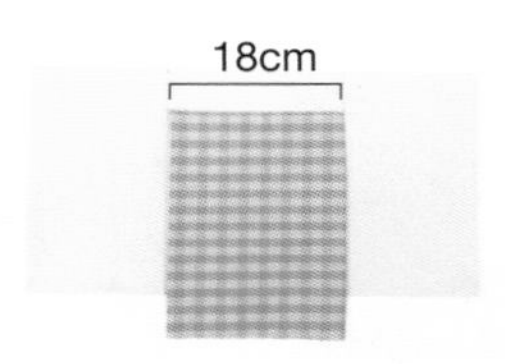

02 겉감1의 중앙 기준으로 좌우 9cm에 선을 긋고, 덧댈 원단의 좌우는 1cm 접어 다린다.

03 덧댈 원단을 2에서 그어준 선에 맞추어 상침하여 고정한다.

04 스트링 끼울 원단을 좌우 1cm씩 두 번 접어 다리고, 위아래 세로로 반을 접어 다린다.

05 3의 겉면 상단에 시접 0.7cm를 주고 4를 재봉해 고정한다.

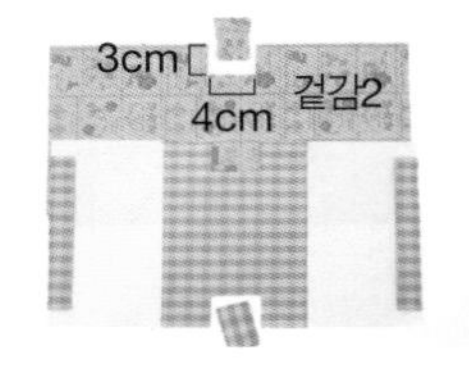

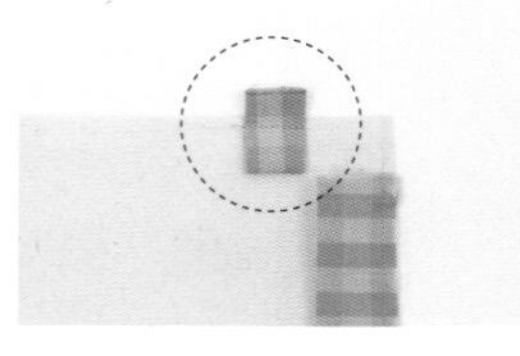

06 5의 중앙에 그림처럼 가로 4cm, 세로 3cm 크기 ㄷ자를 그리고 잘라 낸다. 여기서 잘라진 조각 천을 그림처럼 접어서 끼움 라벨로 사용할 수 있다. 겉감2의 중앙도 조각을 자른다.

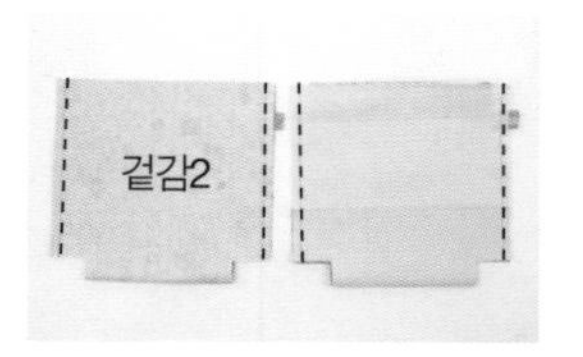

07 겉면끼리 마주 닿게 반 접어서 옆선을 재봉한다. 겉감2도 반복한다.

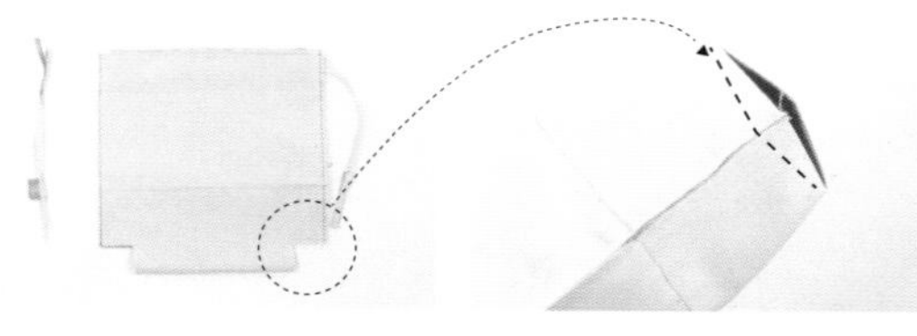
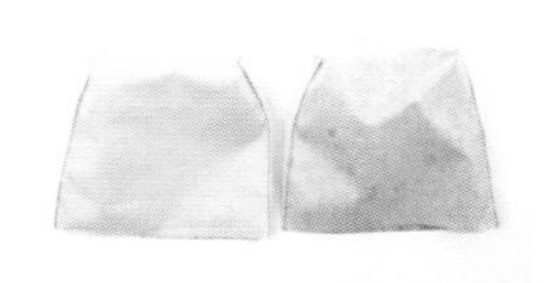

08 양옆 시접은 0.3cm만 남기고 자른다.

09 6에서 자른 ㄷ자가 1자가 되도록 모양을 만들어 주고 시접 1cm 주어 재봉한다.

10 9를 겉감1, 겉감2 좌우 두 군데씩 네 번 해 주고 시접은 0.3cm 남기고 자른다.

11 겉감2는 뒤집어서 겉면이 밖으로 나오게 하고, 겉감1 입구에는 1cm 간격의 선을 그린다.

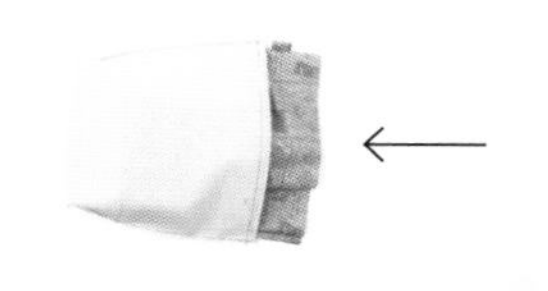
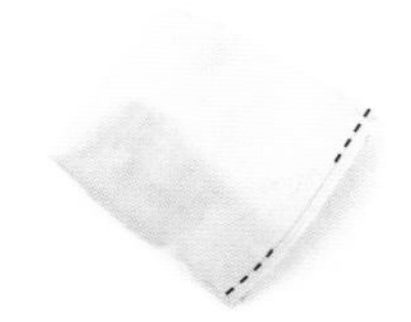
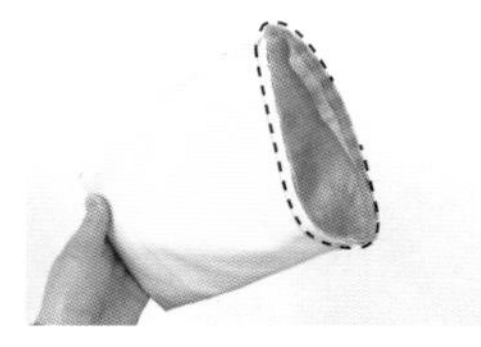

12 겉감2를 겉감1 속에 넣는다. 이때 겉면과 겉면이 맞닿게 넣었는지 확인한다.

13 11에서 표시한 선대로 입구 한 바퀴를 빙 둘러 재봉한다. 이때 창구멍 8cm는 남겨야 한다.

14 창구멍을 통해 뒤집는다.

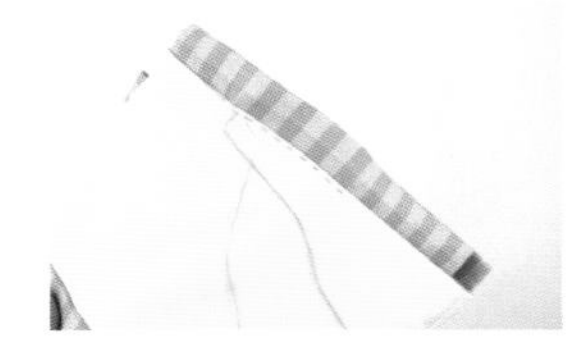

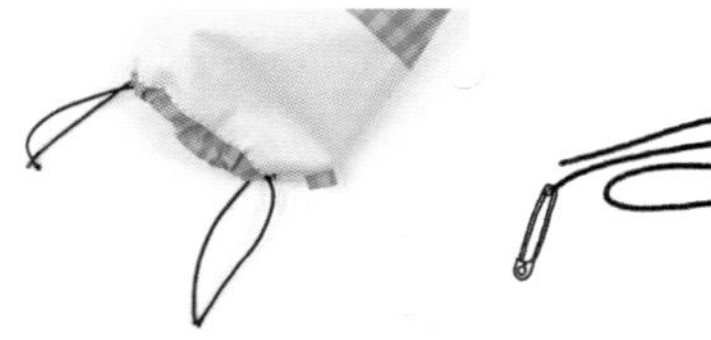

15 입구 한 바퀴를 예쁜 색 실로 스티치를 놓으면 창구멍은 저절로 막힌다. (스티치는 생략하고 창구멍만 공그르기로 막아도 된다.)

16 옷핀을 이용해 끈을 끼우는데 양쪽으로 두 줄을 끼우면 사용 시 더 편리하다.

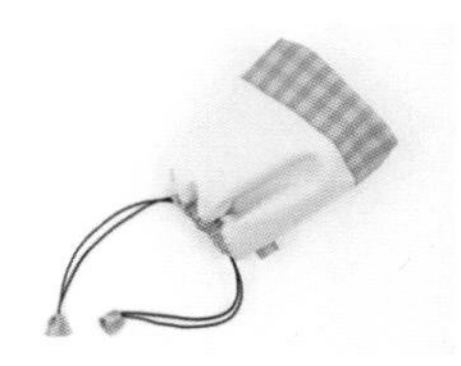

17 끈을 매듭지어 마무리해도 좋지만, 8*10cm 조각 원단으로 방울을 만들면 더 예쁘다.

18 뒤집어서 양면으로 사용할 수도 있다.

LESSON

7

유아용 배낭

Ready

난이도 ★★☆

완성 사이즈 26*33cm

[준비물]

실물 패턴 C면

원단(라미네이트 코팅지 또는 두꺼운 원단) 1장

끈 1개

[재단] 시접 포함

본판(28*72cm) 2장

끈 고정할 원단(12*12cm) 2장

긴끈 1개

[알아야 할 팁] 시접 처리하기(오버로크) - 37p

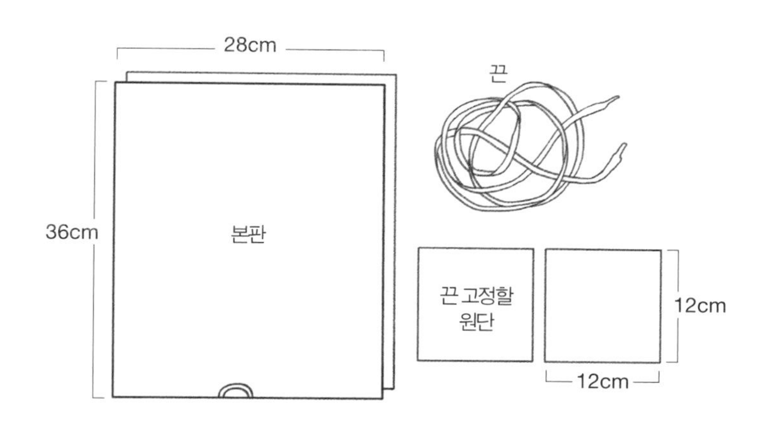

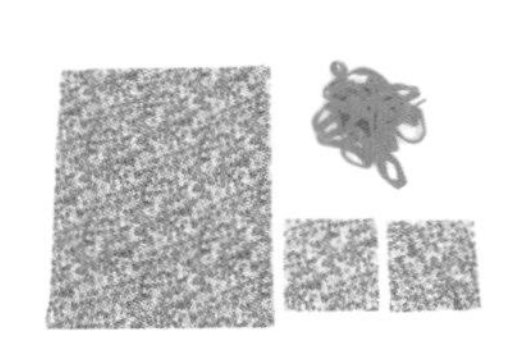

01 원단을 제시된 사이즈에 맞춰 재단하고, 테두리는 시접 처리한다. (라미네이트 원단은 생략 가능)

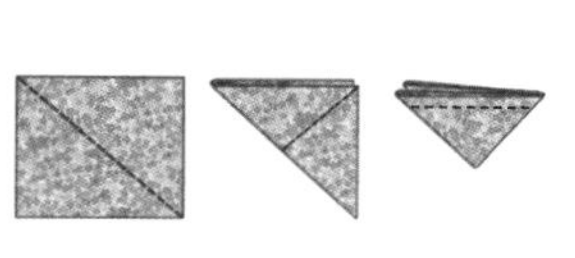

02 끈을 고정할 원단을 대각선으로 두 번 접어 네 겹이 된 부분만 재봉한다.

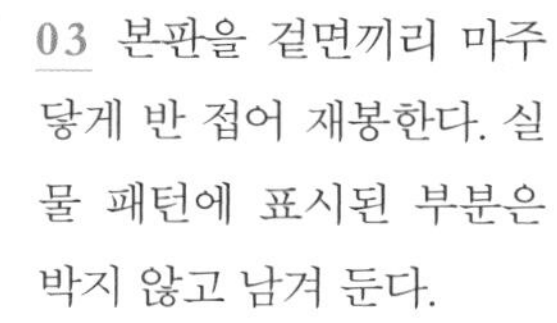

03 본판을 겉면끼리 마주 닿게 반 접어 재봉한다. 실물 패턴에 표시된 부분은 박지 않고 남겨 둔다.

04 옆선 솔기를 가름솔로 가르고 위에서 3cm를 접는다. 입구에서 2.5cm 내려온 부분에 선을 긋고 이를 따라서 입구를 한 바퀴 재봉한다.

05 옷핀을 이용해 사이에 끈을 끼운다. 이때, 양쪽에서 한 바퀴씩 두 줄로 끼운다. (119p - 16 과정 참고)

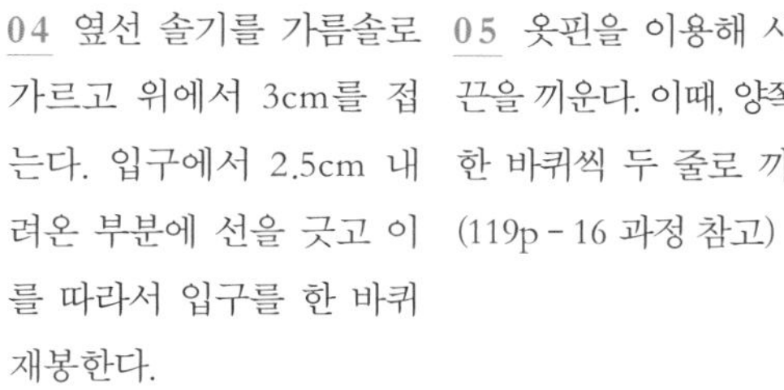

06 몸집에 맞게 적당한 길이로 끈을 자른다.

07 2에서 재봉해 두었던 조각에 끈을 끼워 박는다.

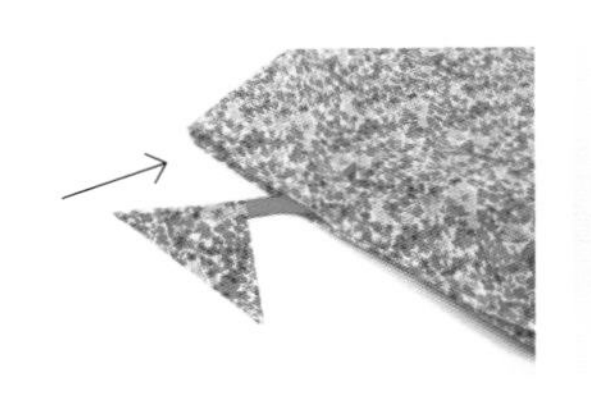

08 가방 안쪽으로 7을 끼워 옆선을 맞추고 재봉한다.

09 뒤집으면 유아용 배낭이 완성된다.

After

LESSON

8

지퍼 파우치

Ready

난이도 ★★★

완성 사이즈 21*14cm

[준비물]

겉감 1장, 안감 1장

접착솜(생략 가능)

줄지퍼 1개, 지퍼 슬라이더 1개

[재단] 시접 포함

겉감1(23*30cm) 1장

겉감2(4*4cm) 1장

안감(23*30cm) 1장

접착솜(21*28cm) 1장(생략 가능)

줄지퍼(23cm) 1개

[알아야 할 팁] 창구멍과 공그르기, 접착솜 붙이기, 줄지퍼 활용하기 - 32~33, 39p

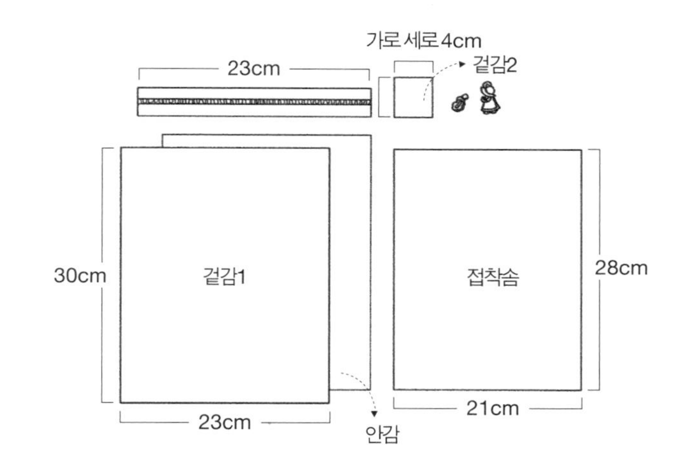

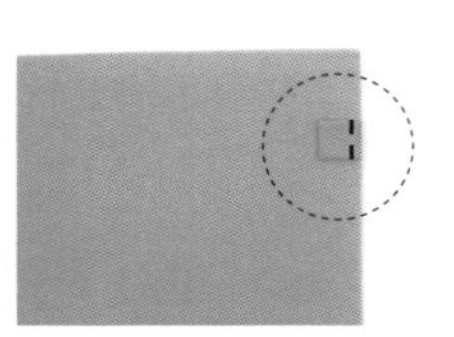

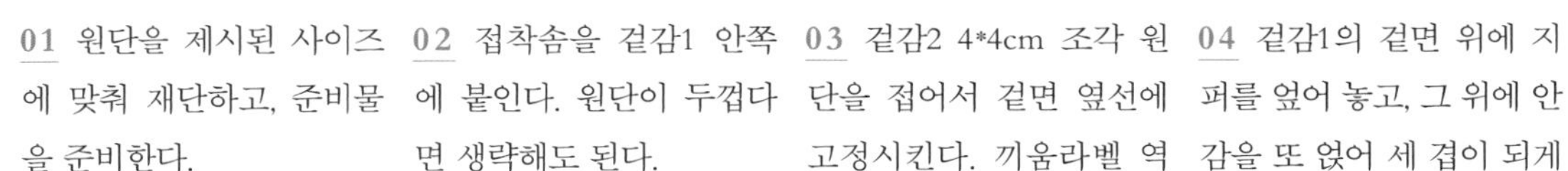

01 원단을 제시된 사이즈에 맞춰 재단하고, 준비물을 준비한다.

02 접착솜을 겉감1 안쪽에 붙인다. 원단이 두껍다면 생략해도 된다.

03 겉감2 4*4cm 조각 원단을 접어서 겉면 옆선에 고정시킨다. 끼움라벨 역할로 생략 가능하다.

04 겉감1의 겉면 위에 지퍼를 얹어 놓고, 그 위에 안감을 또 얹어 세 겹이 되게 한다. 이때 지퍼 겉면이 겉감을 향하게 놓고 원단 겉면끼리 마주 닿아야 한다.

05 재봉틀을 지퍼노루발(외노루발)로 교체하고, 4에서 쌓은 세 겹을 시접 1cm를 주어 재봉한다.

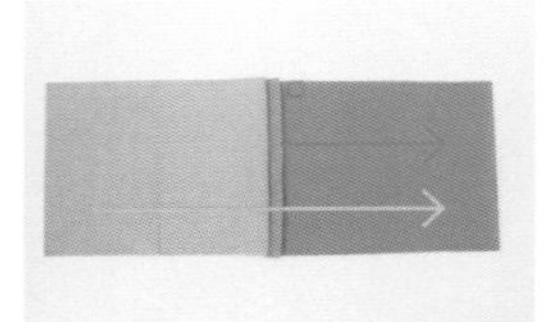

06 5를 양옆으로 펼친다. 지퍼를 사진의 빨간 화살표처럼 걸면 끝까지 당겨오고, 안감도 노란 화살표처럼 걸면 끝까지 당겨온다.

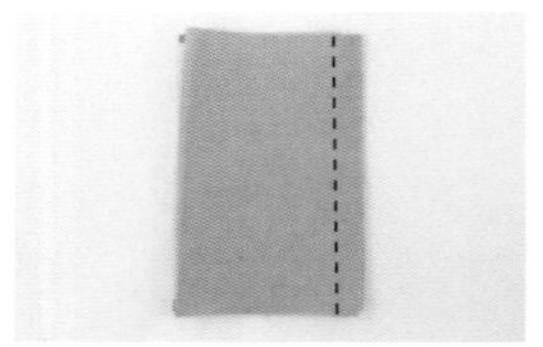

07 이렇게 세 겹이 된 원단과 지퍼를 5번 과정처럼 다시 재봉한다.

08 지퍼 슬라이더를 끼운다.

09 원단을 펼쳐 놓고 위아래 1cm 간격의 선을 그린다. 안감 쪽에 5~8cm는 창구멍으로 그리지 않는다.

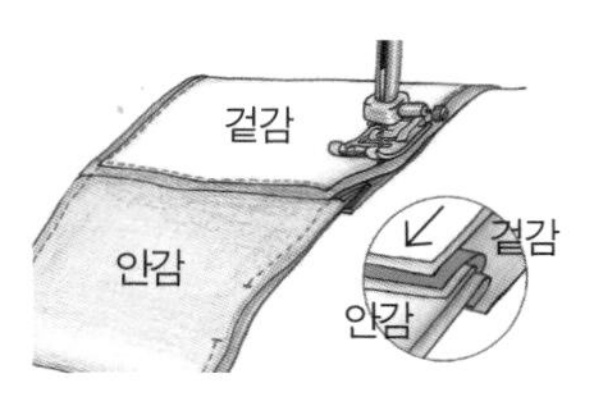

10 그린 선대로 재봉한다. 지퍼를 지날 때 겉감과 안감 시접은 안감 쪽으로 한꺼번에 보내는 게 뒤집었을 때 모양이 더 예쁘다.

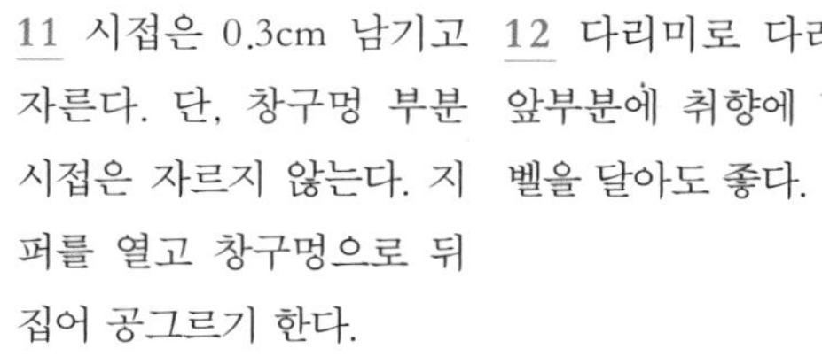

11 시접은 0.3cm 남기고 자른다. 단, 창구멍 부분 시접은 자르지 않는다. 지퍼를 열고 창구멍으로 뒤집어 공그르기 한다.

12 다리미로 다려 주고, 앞부분에 취향에 맞춰 라벨을 달아도 좋다.

코코지니
one point lesson

응용 작품_ 동전 지갑

완성 사이즈 15*10cm

[준비물] 원단 두 종류

[재단] 시접 포함

걸감1(17*22cm) 1장

걸감2(4*4cm) 1장

안감(17*22cm) 1장

접착솜(15*20cm) 1장(생략 가능)

만드는 방법은 지퍼 파우치와 같으므로 참고 한다.

LESSON

9

바닥이 있는 지퍼 파우치

Ready

난이도 ★★★

완성 사이즈 21*14*4cm

[준비물]

겉감2장

안감1장

접착솜(생략 가능) 1장

줄지퍼1개

지퍼 슬라이더1개

라벨1개

[재단] 시접 포함

겉감1(23*34cm) 1장

겉감2(4*4cm) 1장

안감(23*34cm) 1장

접착솜(21*32cm) 1장(생략 가능)

줄지퍼(23cm)

만드는 방법은 앞의 지퍼 파우치와 같고, 11번 과정 후 아래만 추가하면 바닥이 있는 파우치를 만들 수 있다.

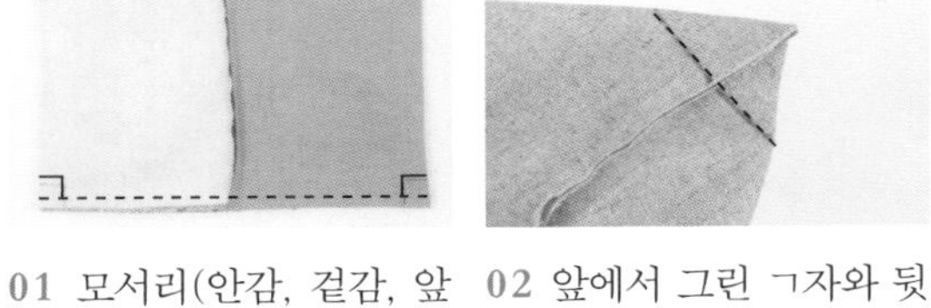

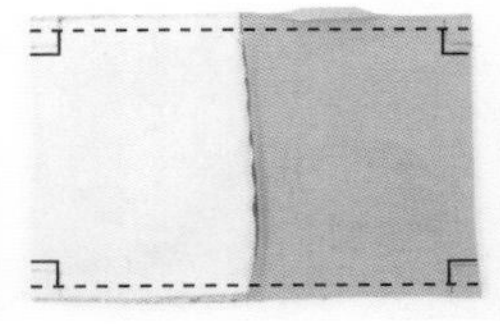

01 모서리(안감, 겉감, 앞면, 뒷면. 총 8군데)에 가로, 세로 2cm ㄱ자 혹은 ㄴ자를 그린다. 이때 재봉선 기준으로 2cm를 그려야 한다는 점을 주의하자.

02 앞에서 그린 ㄱ자와 뒷면에 그린 ㄱ자가 서로 만나 '-'자가 되도록 만들어 재봉한다.

TIP

안쪽에 있는 지퍼를 다 열고 옆으로 당기면 쉽게 一자 모양을 만들 수 있다.

03 2 과정을 안감까지 총 네 번 반복하고 시접을 자른다.

04 뒤집어서 다리미로 다린 후, 앞부분에 라벨을 달아 완성한다.

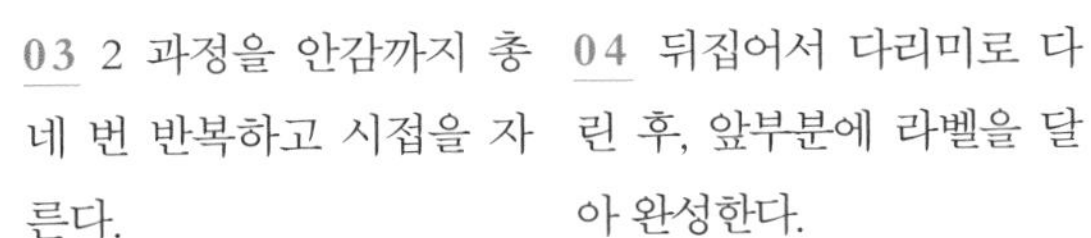

코코지니
one point lesson

응용 작품 1_바닥이 있는 동전 지갑

완성 사이즈 15*10*3cm

[준비물]

'바닥이 있는 지퍼 파우치'와 같다.

[재단] 시접 포함

겉감1(17*25cm) 1장

겉감2(4*4cm) 1장

안감(17*25cm) 1장

줄지퍼(17cm)

지퍼 슬라이더 1개

만드는 방법은 바닥이 있는 지퍼 파우치와 같다. 단, 1 과정에서 가로, 세로 1.5cm ㄱ자 혹은 ㄴ자를 그린다.

응용 작품 2_폴디드백

완성 사이즈 29*32*6cm

[준비물]

겉감, 안감, 지퍼, 지퍼 슬라이더, D링 고리 2개, 가방끈

[재단] 시접 포함

겉감1(31*72cm) 1장

겉감2(4*4cm) 2장

안감(31*72cm) 1장

만드는 방법은 바닥이 있는 지퍼 파우치와 같고(단, 1 과정에서 가로, 세로 3cm ㄱ자 혹은 ㄴ자를 그린다.) 아래의 방법만 추가해서 작업한다.

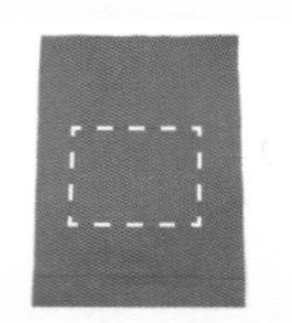

1 안감에 아웃포켓을 달아 주면 사용 시 편리하다.

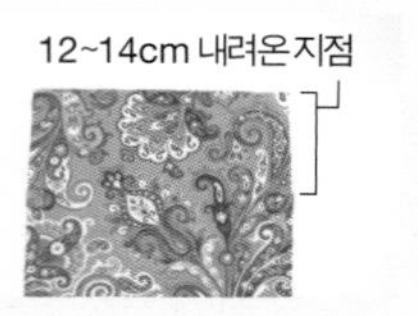

2 가방끈을 연결할 곳에 D링을 붙인다. D링이 없다면 원단으로 고리를 만들어 끼워도 좋다.

3 완성 후 가방고리를 끼운다.

LESSON

10

더블 파우치

Ready

난이도 ★★★

완성 사이즈 21*14cm

[준비물]

겉감 2장, 안감 2장

접착솜(생략 가능) 1장

줄지퍼 2개

지퍼 슬라이더 2개

라벨 1개, 자석단추 1개

[재단] 시접 포함

겉감(23*30cm) 2장

안감(23*30cm) 2장

접착솜(21*28cm) 2장(생략 가능)

줄지퍼(23cm) 2개

[알아야 할 팁] 줄지퍼 활용하기-39p

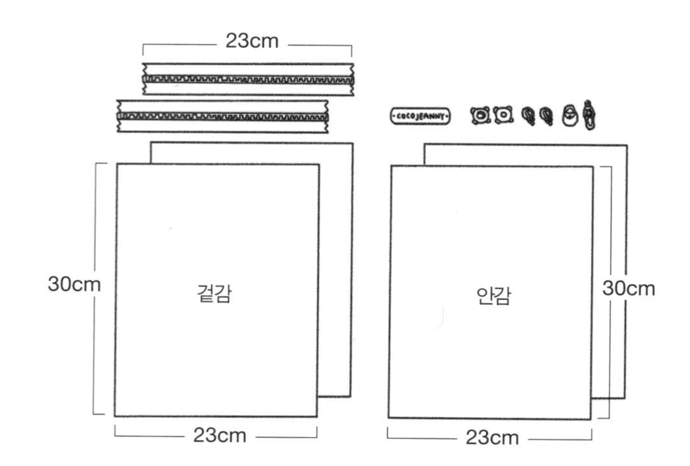

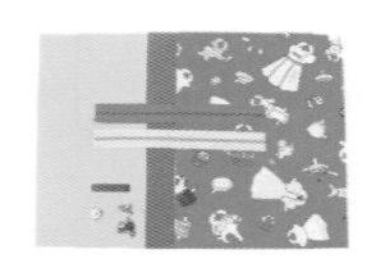

01 원단을 제시된 사이즈에 맞춰 재단하고, 겉감 안쪽에 접착솜을 붙인다. 원단이 두껍다면 생략해도 된다.

02 지퍼 2개를 분리하여 준비한다.

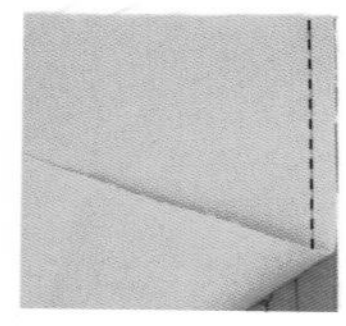

03 겉감1의 겉면(23cm 옆면)에 지퍼1 한쪽을 엎어 놓고, 그 위에 안감1도 엎어 세 겹을 재봉한다. 겉감 겉면과 지퍼 겉면, 안감 겉면이 마주 보게 놓아야 한다.

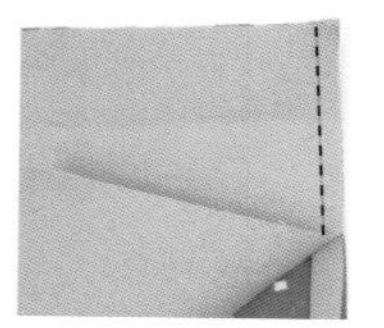

04 3의 반대쪽 옆면에 지퍼2 한쪽을 엎어 놓고, 3 과정처럼 재봉한다.

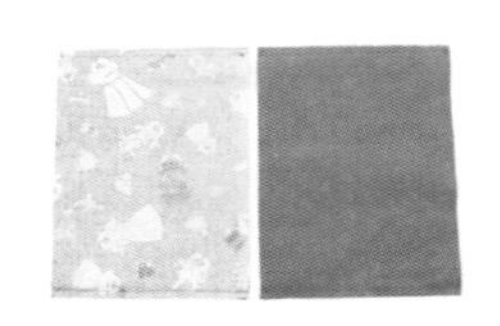

05 겉감2와 안감2로 3~4 과정을 반복하여 2장의 원통을 만든다.

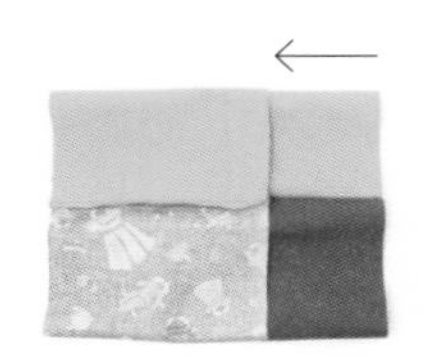

06 한 원통을 뒤집어서 다른 원통 속에 넣는다. 이때 안감은 안감끼리, 겉감은 겉감끼리 맞닿고, 지퍼 1과 2의 색이 맞도록 넣어야 한다.

07 지퍼 슬라이더를 1개씩 두 번 끼우고, 중간까지만 각 원통에 채워 준다.

08 안감에 창구멍은 제외하고 시접 1cm를 주어 선을 그린다.

09 옆면을 둥근 원통이라 생각하고 창구멍을 제외한 나머지 부분을 두 바퀴 재봉한다.

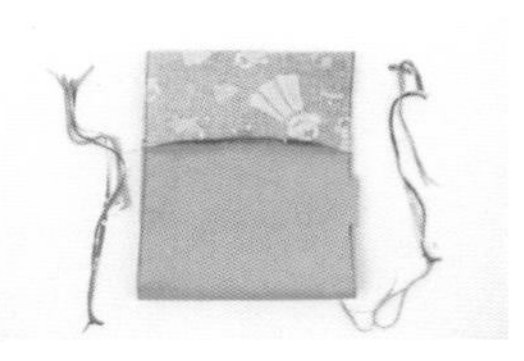

10 창구멍 부분을 제외한 옆면 시접을 0.3cm 남기고 자른다.

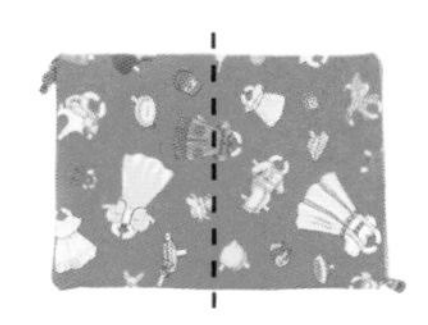

11 창구멍으로 뒤집고 공그르기로 막은 뒤, 겉면 2분의 1지점을 상침한다.

12 가로로 반 접어서 자석단추나 똑딱단추 등으로 여밈 처리를 하고, 라벨로 장식하면 완성이다.

코코지니
one point lesson

응용 작품_더블 필통

완성 사이즈 20*10cm

[재단] 시접 포함

겉감(22*22cm) 2장

안감(22*22cm) 2장

접착솜(20*20cm) 1장(생략 가능)

줄지퍼(22cm) 2개

LESSON

11

롤 파우치(필통)

Ready

난이도 ★★★

완성 사이즈 34*23cm

[준비물]

실물 패턴 C면

겉감 1장, 안감 1장, 접착솜 1장,

라벨 1개, 끈 또는 단추 1개

줄지퍼 1개, 지퍼고리 1개

지퍼 슬라이더 1개

[재단] 시접 포함

겉감(25*36cm) 1장

바탕 안감(25*36cm) 1장

접착솜(23*34cm) 1장(원단이 두껍다면 생략 가능)

큰 지퍼 포켓(7.5*25cm) 1장

작은 지퍼 포켓(4*25cm) 1장

덮개용 안감(25*14cm) 1장

포켓용 안감(25*28cm) 1장

지퍼 막음용 원단(6*3cm) 2장

끈(100cm) 1개

지퍼(21cm) 1개

[알아야 할 팁]

창구멍과 공그르기, 접착솜 붙이기, 시접 처리하기(오버로크), 줄지퍼 활용하기 - 32~33, 37, 39p

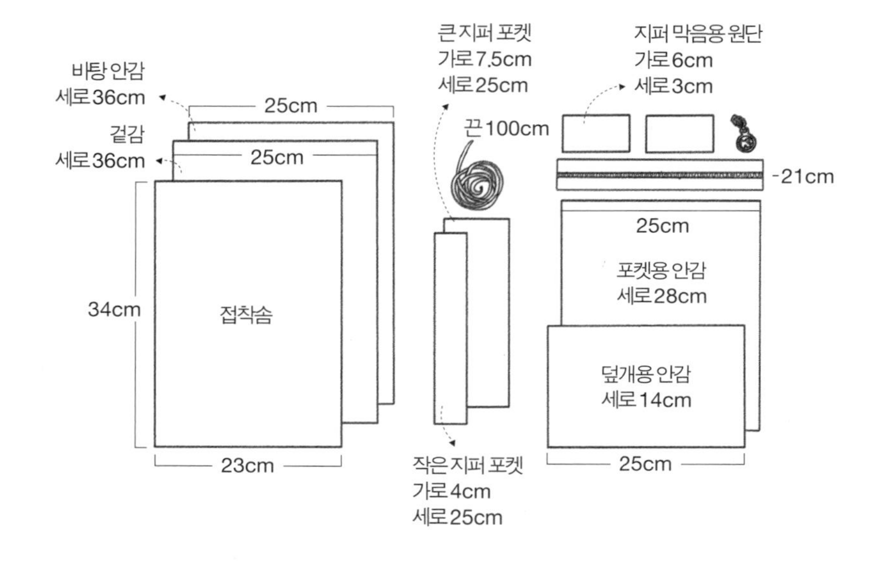

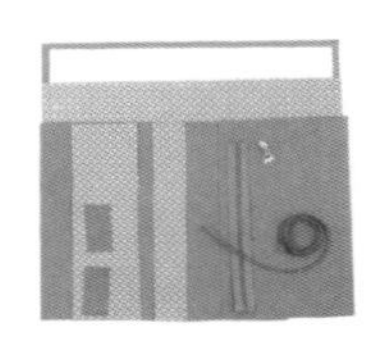

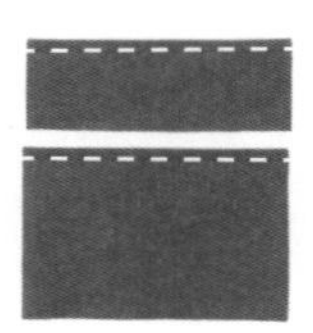

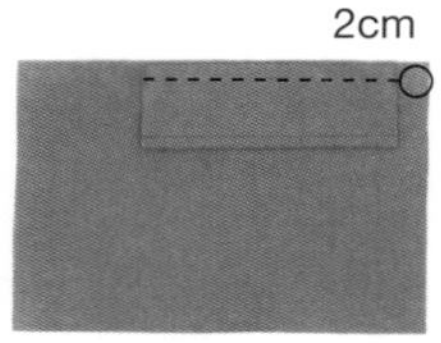

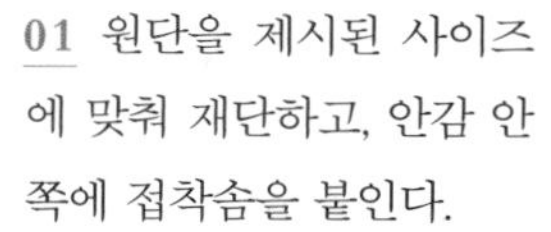

01 원단을 제시된 사이즈에 맞춰 재단하고, 안감 안쪽에 접착솜을 붙인다.

02 덮개용, 포켓용 안감을 각각 겉면이 마주 닿게 반 접어 재봉하고, 모서리 시접은 대각선으로 자른다.

03 2를 뒤집고 접은 선 안쪽 1cm 위치에 선을 긋고 상침한다.

04 덮개용 안감을 바탕 안감 상단에서 2cm 떨어진 지점에 시접 0.7cm를 주어 재봉하여 고정한다.

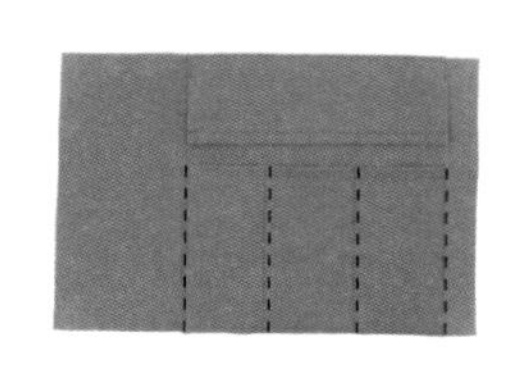

05 포켓용 안감을 필요한 포켓의 크기와 칸수를 고려해 바탕 안감과 같이 상침한다.

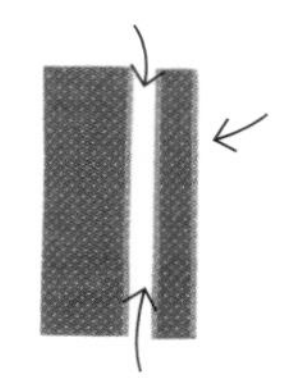

06 지퍼 포켓용 원단 2장의 옆면을 시접 처리한다. 큰 건 옆면 1개, 작은 건 옆면 1개를 해 준다.

07 지퍼 막음용 원단으로 지퍼 양끝을 끝막음 한다. 원단이 3*3cm가 되도록 반을 접고 지퍼와 1cm쯤 겹치게 한 뒤 상침한다.

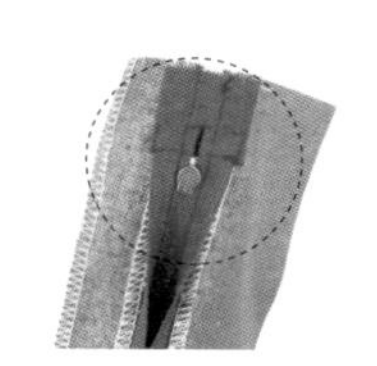

08 6번에서 시접 처리한 지퍼 포켓용 원단 큰 것, 작은 것을 각각 1cm 접어 다린 뒤 지퍼 위에 놓고 지퍼노루발을 이용해 상침한다.

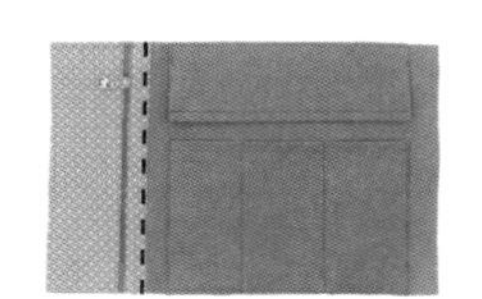

09 지퍼 포켓용 안감 작은 것 옆선을 1cm 접어 다린 뒤, 바탕 안감에 상침하여 고정한다.

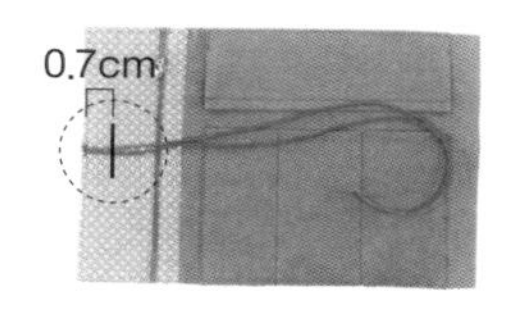

10 바탕 안감 중앙에 끈을 놓고 시접 0.7cm를 주어 재봉하여 고정시킨다.

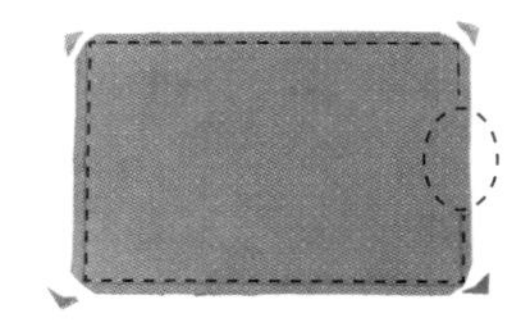

11 겉감과 안감을 겉면끼리 마주 대고 창구멍을 제외한 테두리를 재봉한다. 이후 모서리 시접은 자른다.

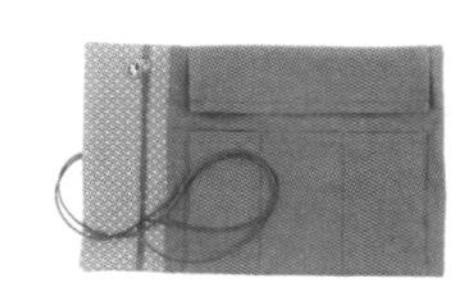

12 창구멍으로 원단을 뒤집고 공그르기로 막는다.

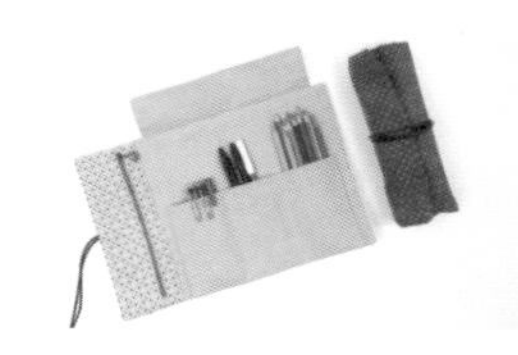

13 다리미로 잘 다려서 완성한다. 단추나 라벨 등을 달아 주어도 좋다.

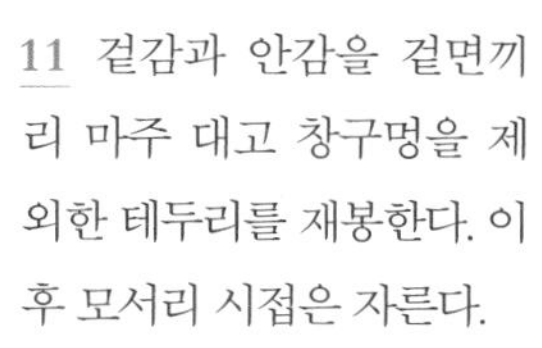

LESSON

12

필통

Ready

난이도 ★★

완성 사이즈 19*5*5cm

[준비물]

실물 패턴 C면

겉감 1장(올이 풀리지 않는 라미네이트 원단), 줄지퍼 1개

지퍼 슬라이더 1개

[재단] 시접 포함

겉감(26*23cm) 1장

조각 원단1 (5*4cm) 2장

조각 원단2 (2*4cm) 2장

줄지퍼(26cm) 1개

[알아야 할 팁] 줄지퍼 활용하기 - 39p

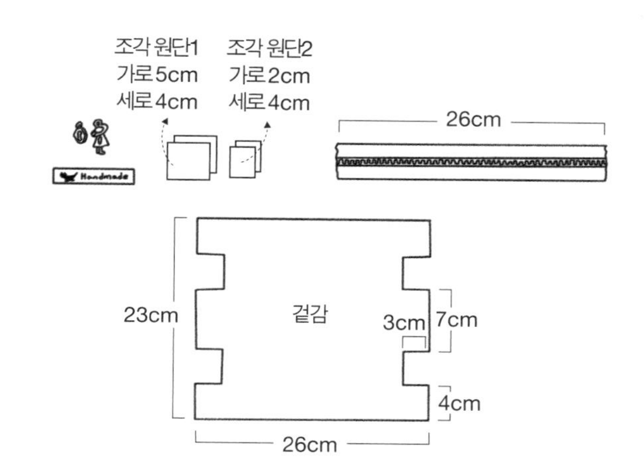

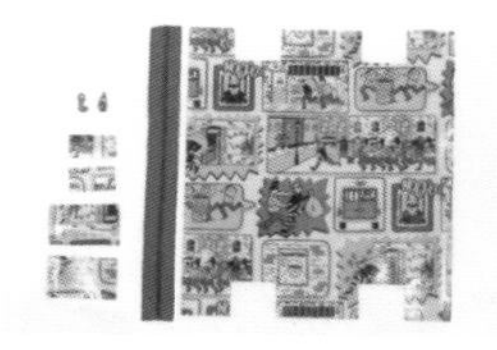

01 원단을 제시된 사이즈에 맞춰 재단하고, 준비물을 준비한다.

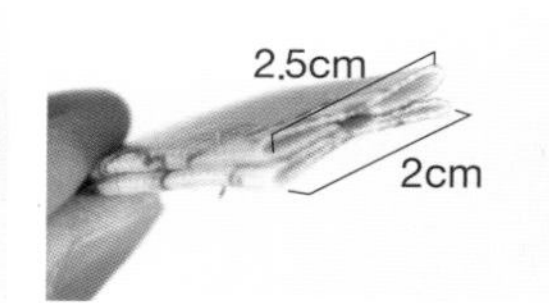

02 조각 원단1 5*4cm를 접어 2.5*2cm로 만든다. 겉감 옆면 중앙에 고정시킨다. 양쪽 두 군데 모두 해 준다.

03 겉감 양 옆선 위에 지퍼를 얹어 놓고 지퍼노루발로 재봉한다.

04 지퍼 슬라이더를 끼운다.

05 원단 안쪽이 겉으로 나오게 한 다음, 필통의 양 끝선을 재봉한다.

06 5에서 재봉한 필통 양 끝선을 2*4cm 조각 원단2로 감싸 재봉한다. (이는 생략 가능하며, 지퍼 끝은 라이터로 지져도 된다.)

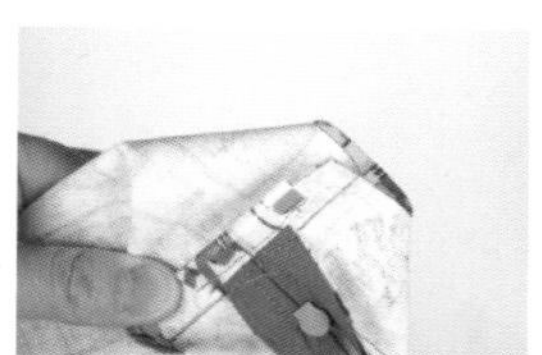

07 지퍼를 활짝 열고 네 모서리의 ㄱ자, ㄴ자를 옆으로 잡아당겨 -자가 되게 한다.

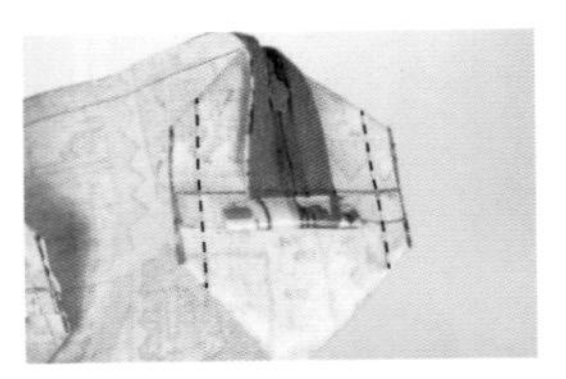

08 7에서 만든 '-'자를 시접 0.5cm를 주어 재봉한다. 모서리 네 군데 모두 해 준다.

09 열린 지퍼 사이로 뒤집으면 완성이다.

TIP

필통에 사용되는 원단은 힘이 있고 올이 풀리지 않아야 한다. 라미네이트 코팅 또는 펠트지를 추천한다.

코코지니
one point lesson

응용 작품1_안감이 있는 두 겹 필통

완성 사이즈 19*5*5cm

[재단] 시접 포함

겉감 1장(23*26cm), 안감 1장(23*26cm)

1 겉감으로 '필통'의 8 과정까지 만든다.

2 안감으로(지퍼 없이) 8 과정까지 만든다.

3 겉감 속에 안감을 넣고, 지퍼 부분을 공그르기 하여 안감이 있는 필통을 완성한다.

* 라미네이트 원단이 없는 경우 일반 원단 2장으로 만들어도 된다.

응용 작품2_플랫 필통

완성 사이즈 21*8cm

[재단] 시접 포함

원단1(23*18cm) 1장

원단2(4*4cm) 2장

원단3(2*4cm) 2장

줄지퍼 23cm

주어진 필통 패턴이 아닌 일반 직사각형으로 원단을 재단하고, 위에서 만든 필통 1~6 과정까지만 하면 완성이다.

LESSON 13

미니 배낭

Ready

난이도 ★★★★★

완성 사이즈 9.5*12cm

[준비물]

실물 패턴 D면

겉감 1장

안감 1장

접착솜(생략 가능) 1장

줄지퍼 1개

지퍼 슬라이더 2개

라벨(생략 가능)

[재단] 시접 포함

겉감 앞판 상단(11.5*6.5cm) 1장

겉감 앞판 하단(11.5*8.5cm) 1장

겉감 뒤판(11.5*14cm) 1장

겉감 옆판 상단(3.5*21.5cm) 2장

겉감 옆판 하단(6*23.5cm) 1장

겉감 손잡이(4*11cm) 1개

안감 앞판, 뒤판(11.5*14cm) 각 1장

안감 앞판, 뒤판 접착솜(9.5*12cm) 2장

주머니 안감(11.5*20.5cm) 1장

안감 옆판 상단(3.5*21.5cm) 2장

안감 옆판 상단 접착솜(1.5*19.5cm) 1장

안감 옆판 하단(6*23.5cm) 1장

안감 옆판 하단 접착솜(4*21.5cm) 1장

줄지퍼1(11.5cm) 1개

줄지퍼2(21.5cm) 1개

[알아야 할 팁]

접착솜 붙이기, 줄지퍼 활용하기 - 33, 39p

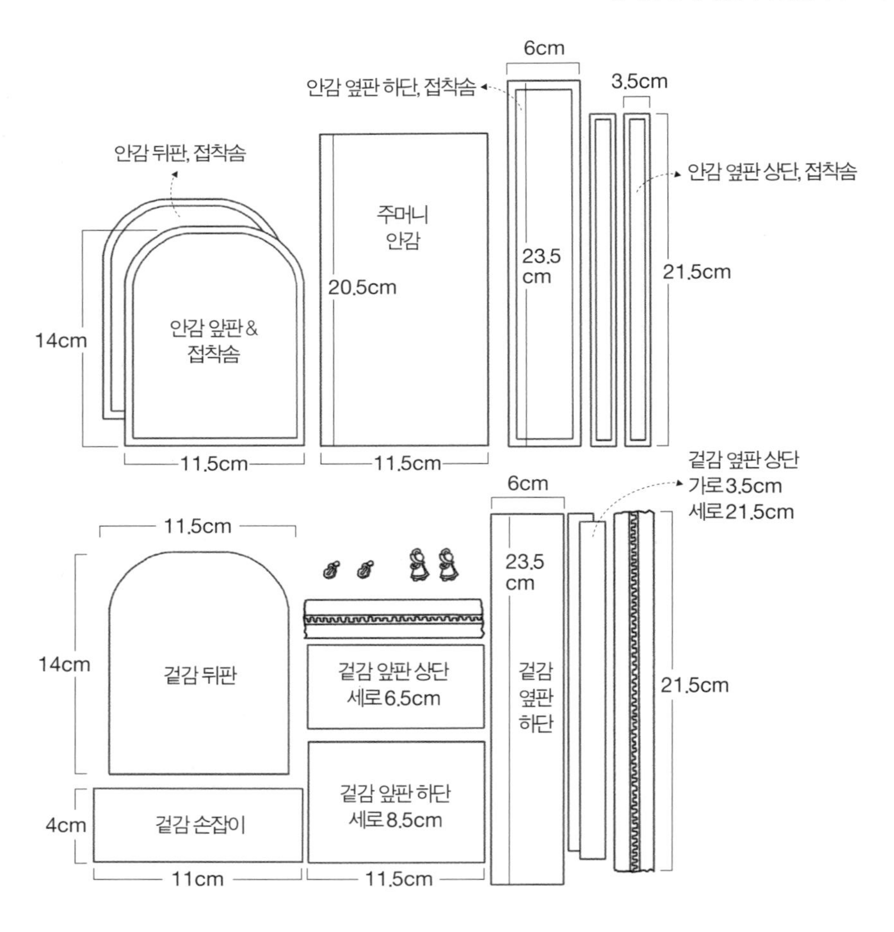

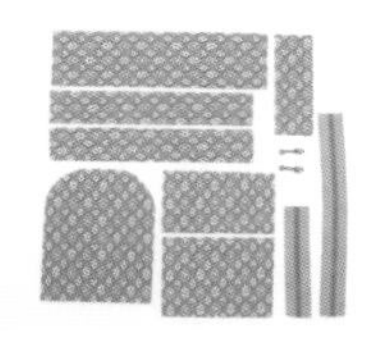

01 원단을 제시된 사이즈에 맞춰 재단하고 준비물을 준비한다.

02 안감 본판과 옆판에 접착솜을 붙여 준다. 원단이 두꺼우면 생략해도 된다.

03 앞판 하단 윗면에 줄지퍼1을 엎어 놓고, 그 위에 주머니 안감도 엎어서 세 겹을 지퍼노루발로 재봉한다.

04 3을 반대 방향으로 뒤집고, 주머니 안감을 반 접어 지퍼 아래까지 오게 한다.

05 4에서 당겨온 주머니 안감은 맨 밑, 지퍼는 중간, 앞판 상단은 맨 위에 엎어 놓고 3 과정처럼 재봉한다.

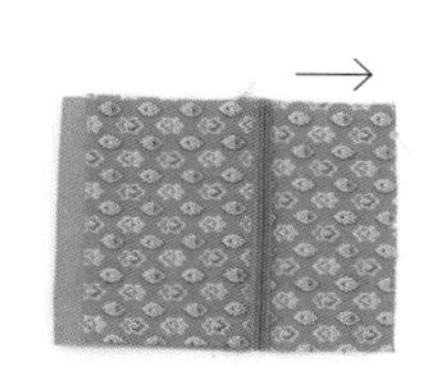

06 앞판 상단을 위로 꺾어 준다.

07 뒤판 모양에 맞춰서 6의 상단을 자른다.

08 지퍼 슬라이더를 끼운 후 겉감 하단과 주머니 안감은 시접을 0.7cm를 주고 상침하여 고정시킨다.

이때 주머니는 1.5~2cm 정도 올려서 고정시킨다.

09 옆판 상단을 1cm 접어 지퍼 위에 놓고 지퍼노루발로 상침한다.

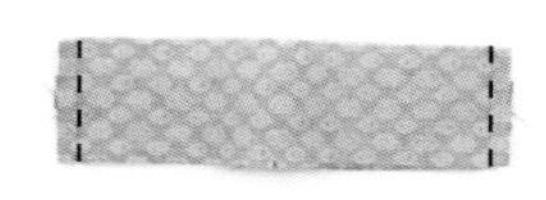

10 9에 지퍼 슬라이더를 끼워 준다. 그 위에 옆판 하단을 올려놓고 양 끝은 시접을 1cm 주어 재봉한다.

11 10을 겉에서 보면 이런 모습이 된다.

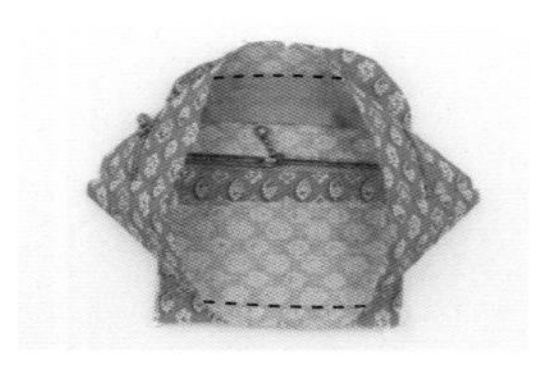

12 8에서 만들어 둔 앞면 본판 위에 10에서 만든 옆판을 맞추어 상단과 하단의 일부만 재봉하여 고정시킨다.

13 11의 나머지 부분을 모두 재봉한다.

14 이때 하단 모서리와 상단 곡선은 옆면에 가윗밥을 주고 벌려서 재봉해야 한다.

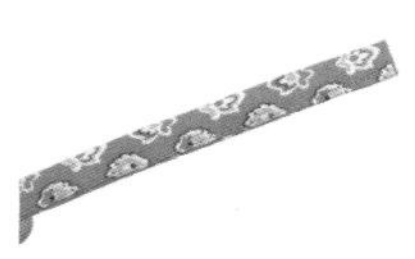

15 손잡이 원단 4*11cm를 1*11cm가 되도록 모아 접어 재봉하여 끈을 만든다.

16 뒤판 상단에 15를 4~5cm 간격을 두어 U자 모양으로 올려놓고 여러 번 재봉하여 튼튼하게 고정시킨다.

17 뒤판과 14를 12~14 과정을 반복하여 연결한다.

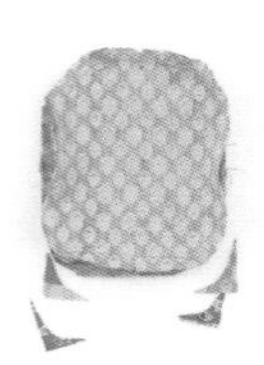

18 시접을 0.3cm 남겨서 자르고, 모서리는 대각선으로 한 번 더 자른다.

19 뒤집어서 겉가방을 완성한다.

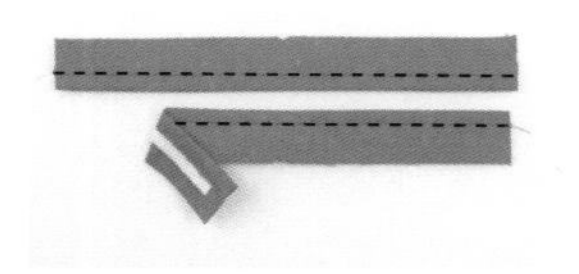

20 안감 옆판 상단을 1cm 접어 상침한다.

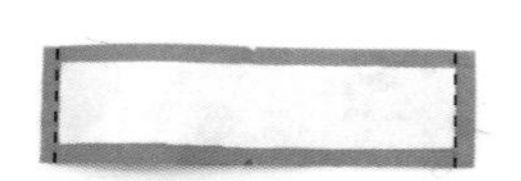

21 20의 위에 안감 옆판 하단을 엎어 놓고 양옆을 재봉한다.(옆판 상단 2장을 1cm 벌려서 옆판 하단과 맞추는 것.)

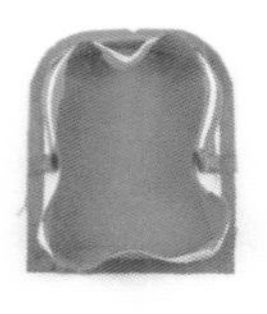

22 겉감 가방과 마찬가지 방법으로 안감 옆판과 안감 앞판을 재봉하여 연결한다.

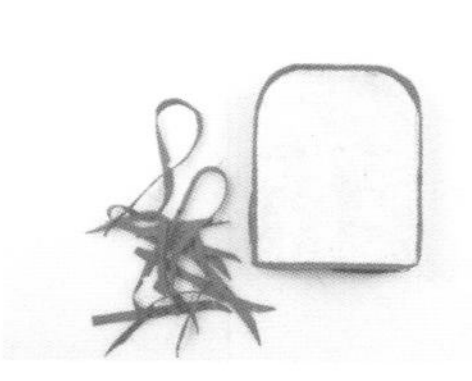

23 22와 안감 뒤판을 재봉하고 시접도 0.3cm만 남기고 자른다.

24 겉감 가방 안에 안감 가방을 넣는다. 이때, 가방 바닥에 두꺼운 플라스틱을 잘라 넣으면 더 좋다.

25 안감 입구와 지퍼를 공그르기 해서 붙이면 완성이다.

안감 가방은 조금 작게 만들어야 완성품이 예쁘게 나온다. 시접을 0.1~0.2cm쯤 더 주면 된다.

* 사이즈를 늘리면 성인용 백팩도 만들 수 있다.

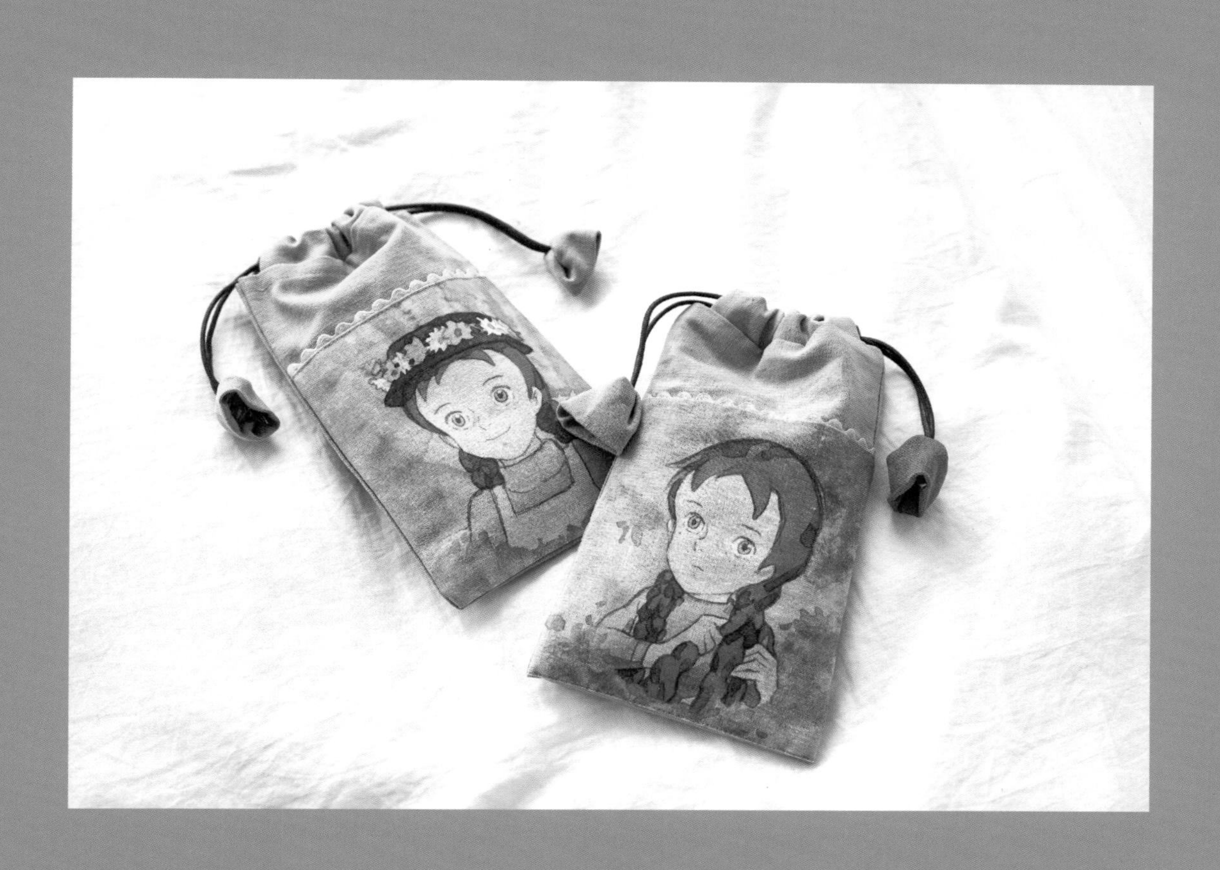

SEWING PATTERN

IV

가방

LESSON

1

양면 에코백

Ready

난이도 ★★☆

완성 사이즈 30 * 38cm

[준비물]

원단 두 종류, 각 1장

접착솜(생략 가능) 1장

가방끈 1개

라벨 1개

[재단] 시접 포함

겉감(32 * 40cm) 2장

안감(32 * 40cm) 2장

끈(57cm) 2개

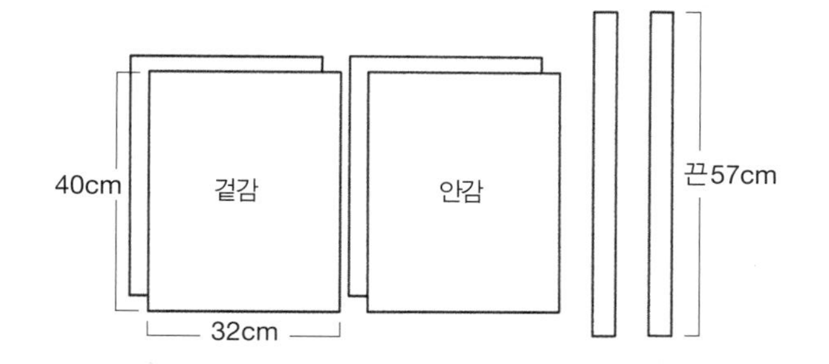

[알아야 할 팁] 창구멍과 공그르기, 접착솜 붙이기 - 32~33p

01 겉감, 안감을 각 2장씩 제시된 사이즈에 맞춰 재단하고 필요하다면 접착솜을 붙인다.

02 겉감 2장을 겉면끼리 마주 닿게 놓은 후 시접 1cm를 주고 옆면과 밑면을 재봉한다.

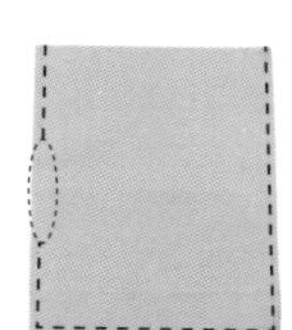

03 안감 2장도 2번 과정을 반복하되, 한쪽 옆선 12cm는 창구멍으로 남긴다.

04 창구멍 시접을 제외한 겉감, 안감 모두 시접을 0.3cm만 남기고 자른다.

뒤에 계속!

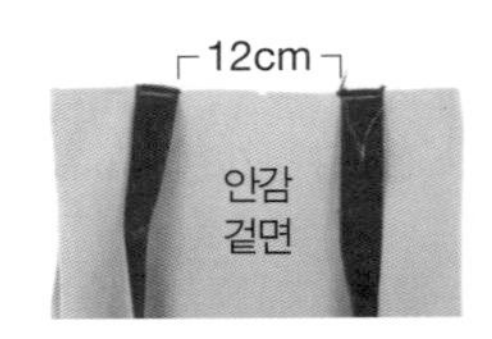

05 안감 가방을 뒤집고, 중심에서 12cm를 띄우고 가방끈 2개를 고정시킨다. (시접 0.7cm)

06 겉감 입구에서 1cm 아래에 기화성 펜으로 선을 그린다.

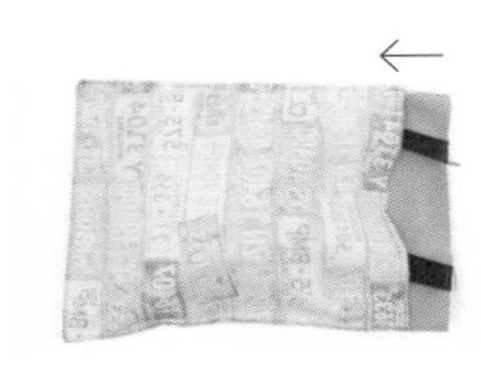

07 겉감 가방 속에 안감 가방을 넣는다. 겉면끼리 마주 닿는지 확인한다.

08 겉감 가방, 안감 가방 2개의 입구를 겹쳐서 시침핀으로 고정하고 한 바퀴 빙 둘러 재봉한다. (시접 1cm)

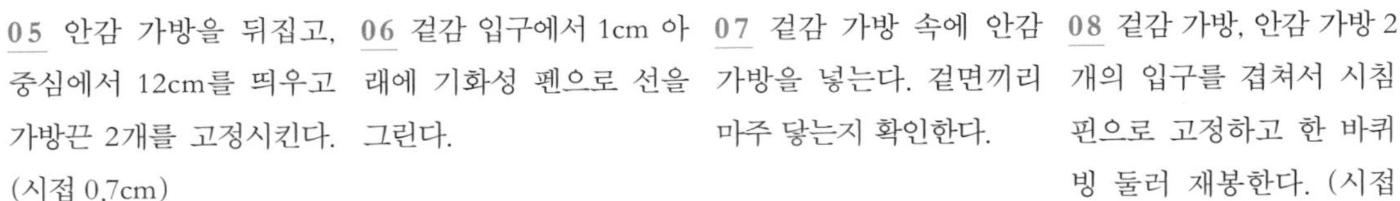

09 창구멍으로 원단을 뒤집는다.

10 창구멍은 공그르기로 막고 안감 가방을 겉감에 넣은 후 입구 솔기를 다림질하면 완성이다.

코코지니
one point lesson

응용 작품1_학원 가방 또는 실내화 주머니

완성 사이즈 25*32cm(노트 몇 권 들어가는 학원 가방 또는 실내화 주머니 사이즈)

[재단] 시접 포함

원단(27*34cm) 2장

응용 작품2_큰 에코백

완성 사이즈 33*44cm

[재단] 시접 포함

원단(35*46cm) 2장

LESSON

2

장바구니

Ready

난이도 ★★★

완성 사이즈 44*44*8cm(접으면 12*12cm)

[준비물]

얇고 매끄러운 방수 원단(혹은 보자기 천) 1장

[재단] 시접 포함

가방용 원단(46*100cm) 2장

주머니용 원단(14*30cm) 1장

가방끈 원단(6*60cm) 2장

손잡이끈 원단(15*4cm) 1장

[알아야 할 팁] 라미네이트 원단(방수 코팅) 다루기 - 45p

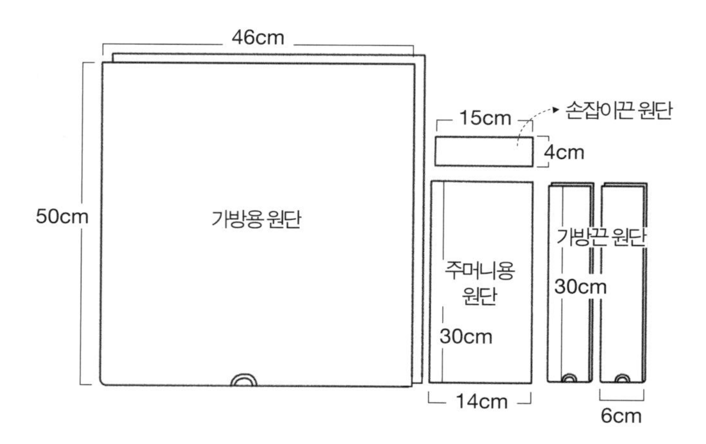

01 원단을 제시된 사이즈에 맞춰 각각 재단한다.

02 손잡이끈 원단 15*4cm를 세 번 모아 접고 상침하여 1*15cm짜리 끈을 만든다.

03 가방끈 원단 6*60cm 양 옆선을 각각 0.7cm씩 두 번 접어 상침하여 3*60cm짜리 끈 2장을 만든다.

04 주머니용 원단에서 짧은 변을 1cm씩 두 번 접어 상침한다.

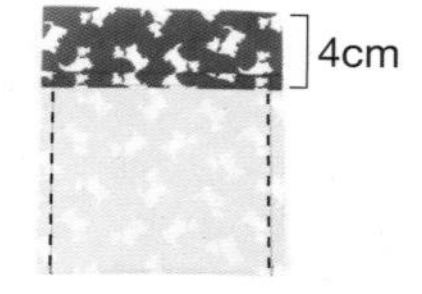

05 4를 겉면끼리 마주 닿도록 접어 옆선을 재봉한다. 이때, 위 4cm는 겹치지 않고 띄어 둔다.

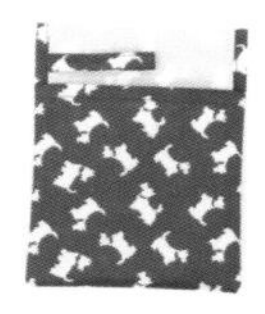

06 5를 뒤집고, 겹치지 않고 띄어 둔 4cm는 접어서 상침한다. 이때, 2에서 만든 끈을 반 접어 왼쪽에 끼워 박는다.

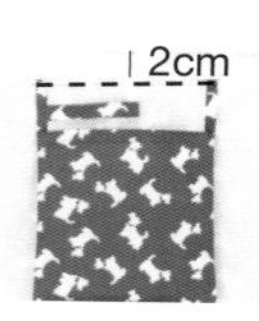

07 6을 가방용 원단 46cm 가로변 중간과 윗변에서 2cm 내려온 선에 맞추어 재봉하여 고정시킨다.

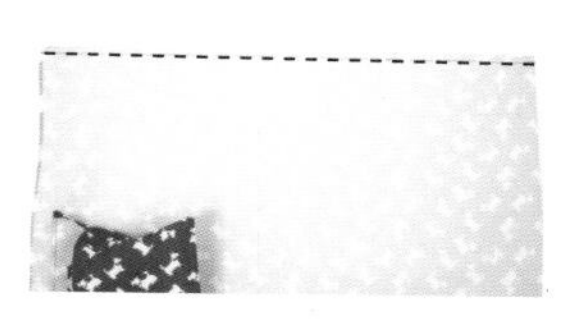

08 7을 겉면끼리 마주 닿게 세로로 반 접어 양쪽 옆선을 재봉한다.

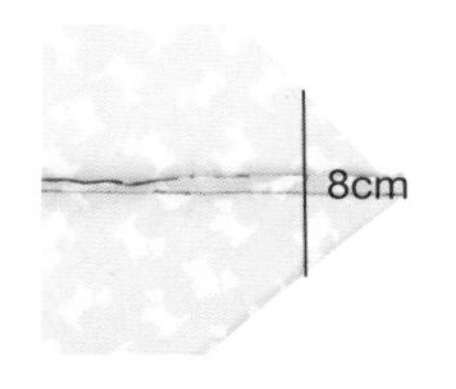

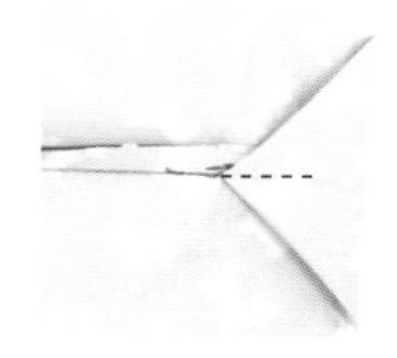

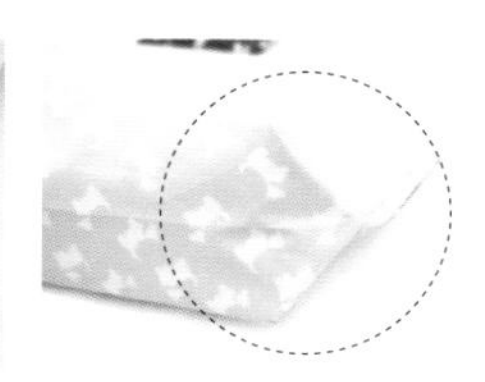

09 8에서 재봉한 옆선 솔기를 그림처럼 펼쳐 놓고, 8cm 직선을 긋는다.

10 9에서 그린 선을 기준으로 모서리를 접어 올리고, 시접끼리 재봉하여 고정시킨다.

11 반대쪽 옆선도 9~10 과정을 반복한다. 바닥면이 사진처럼 되는지 확인한다.

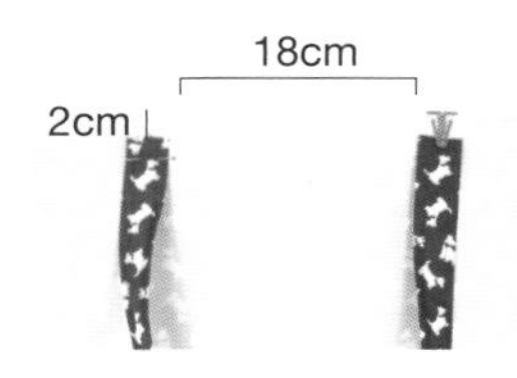

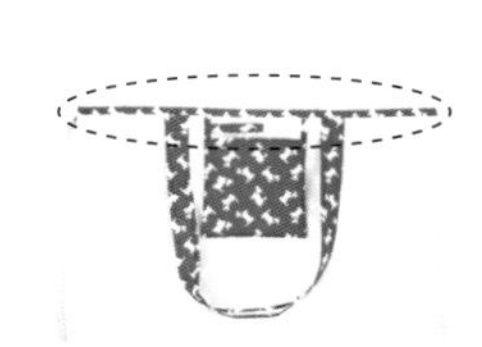

12 3에서 만든 끈을 시침핀으로 고정시킨다. 끈 사이의 간격은 18cm, 위에서 2cm 내려온 곳이다.

13 윗면을 1cm씩 두 번 접어 한 바퀴 재봉한다. 12에서 고정한 끈이 잘 박아졌는지 확인한다.

14 끈이 위로 향하도록 꺾어서 네 군데 모두 상침한다.

15 잘 접어 작은 주머니에 넣는다.

* 휴대하기 편리한
작은 장바구니가 된다.

LESSON

3

클러치백

Ready

난이도 ★★★☆

완성 사이즈 30*18*2cm

[준비물]

실물 패턴 D면

겉감(라미네이트, 인조가죽 또는 톡톡한 원단) 1장

접착솜(생략 가능) 1장

지퍼 1개, 지퍼 슬라이더 1개

자석단추 1개

[재단] 시접 포함

가방용 겉감, 안감(21*32cm) 각 2장

덮개용 겉감, 안감(20*30cm) 각 1장

지퍼(28cm) 1개

조각 원단(4*2.5cm, 지퍼 막음용) 2장

[알아야 할 팁] 줄지퍼 활용하기-39p

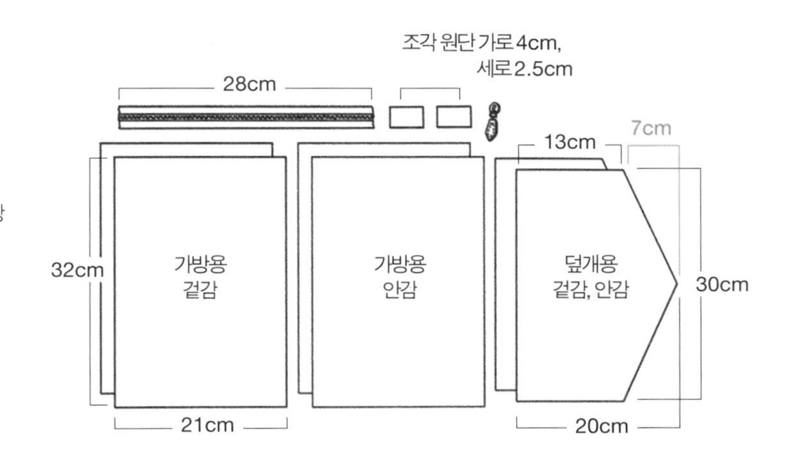

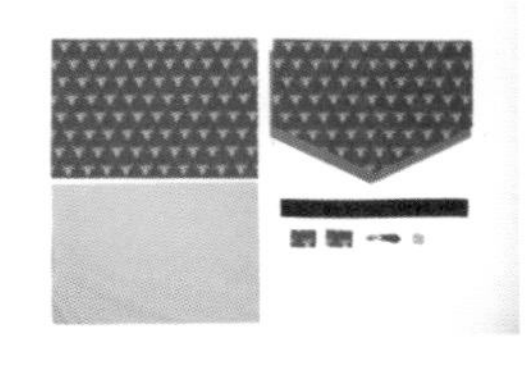

01 원단을 제시된 사이즈에 맞춰 재단하고, 준비물을 준비한다. (필요하다면 접착솜을 붙여도 좋다.)

02 덮개용 원단 2장을 겉면끼리 마주 대고, 창구멍은 남기고 재봉한다. 모서리 시접만 대각선으로 자른다.

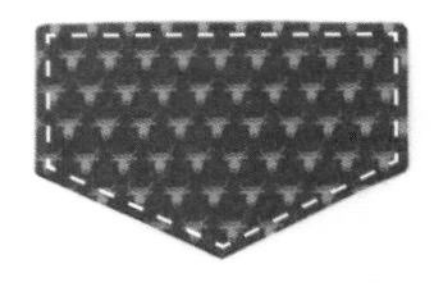

03 뒤집어서 0.7cm 간격으로 테두리를 상침한다. 이때, 창구멍이 막아진다.

04 지퍼 막음용 원단을 반 접어 지퍼 끝 1cm를 겹치게 놓고 상침한다.

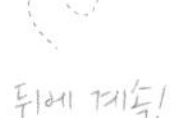

05 겉감1 위에 지퍼를 엎어 놓고, 안감 1도 엎어서 겉면끼리 마주 닿게 하여 세 겹을 지퍼노루발로 재봉한다.

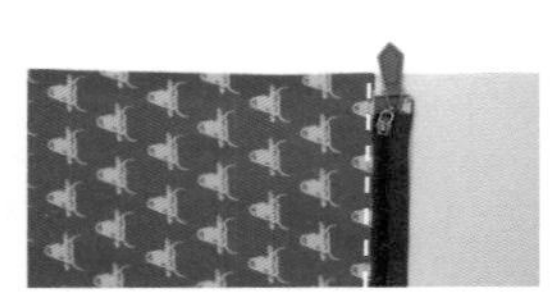

06 시접을 반대쪽으로 꺾어서 겉감 위를 상침한다. (클러치는 원단이 두껍기 때문에 상침을 해야 들뜨지 않는다.)

07 5번 과정과 마찬가지로 겉감2 위에 반대쪽 지퍼를 엎어 놓고, 안감 2도 엎어서 세 겹을 재봉한다.

08 6번 과정과 마찬가지로 겉감 위에서 상침한다.

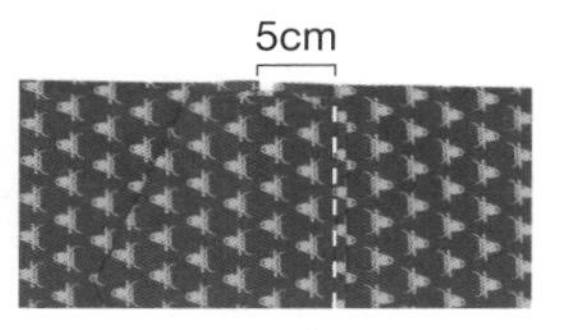

09 2~4에서 만든 덮개를 본판 겉면 위에서 5cm 내려온 곳에 올려놓고 상침한다.

이때, 밑에 있는 안감이 같이 박히지 않도록 바깥쪽으로 보내고 상침해야 한다.

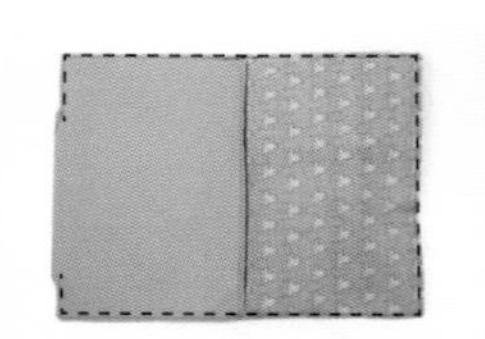

10 9를 펼친 뒤, 겉감은 겉감끼리 안감은 안감끼리 마주 닿게 놓고 큰 직사각형으로 재봉한다. 창구멍은 안감 밑면에 길게 내어주고, 안에 들어간 덮개가 같이 박히지 않도록 주의한다.

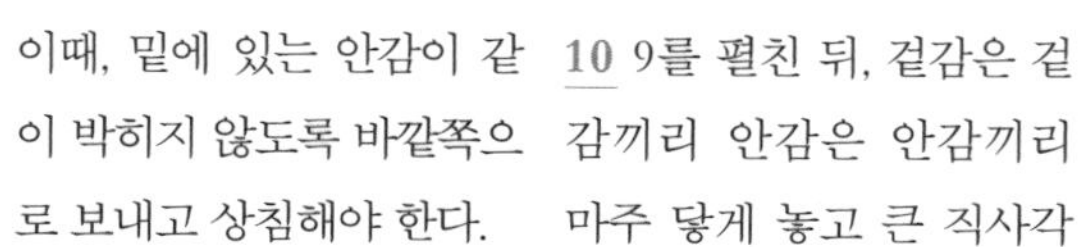

TIP

과정 10에서 지퍼를 지나갈 때 지퍼와 덮개 부분 두께 때문에 박음질이 어려울 것이다. 외노루발로 바꾸고 바늘의 위치를 최대한 왼쪽으로 놓으면 도움이 된다.

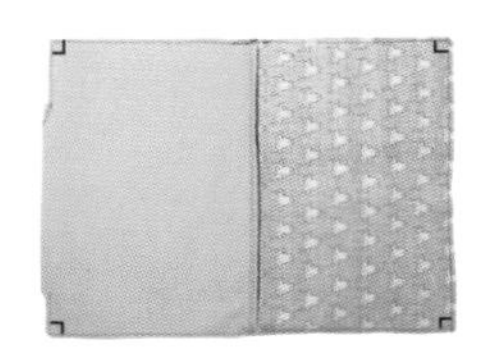

11 밑면 모서리 1cm에 ㄱ자, ㄴ자를 그리고, '-'자가 되도록 모양을 잡아 재봉한다. 시접은 조금만 남기고 자른다.

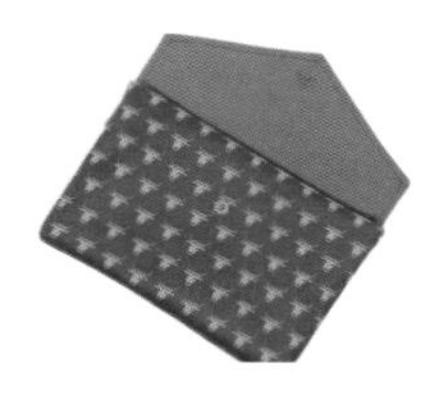

12 창구멍을 통해 뒤집은 후 공그르기로 막는다. 자석 단추를 달아 주면 클러치가 완성된다.

LESSON
4

핸드백

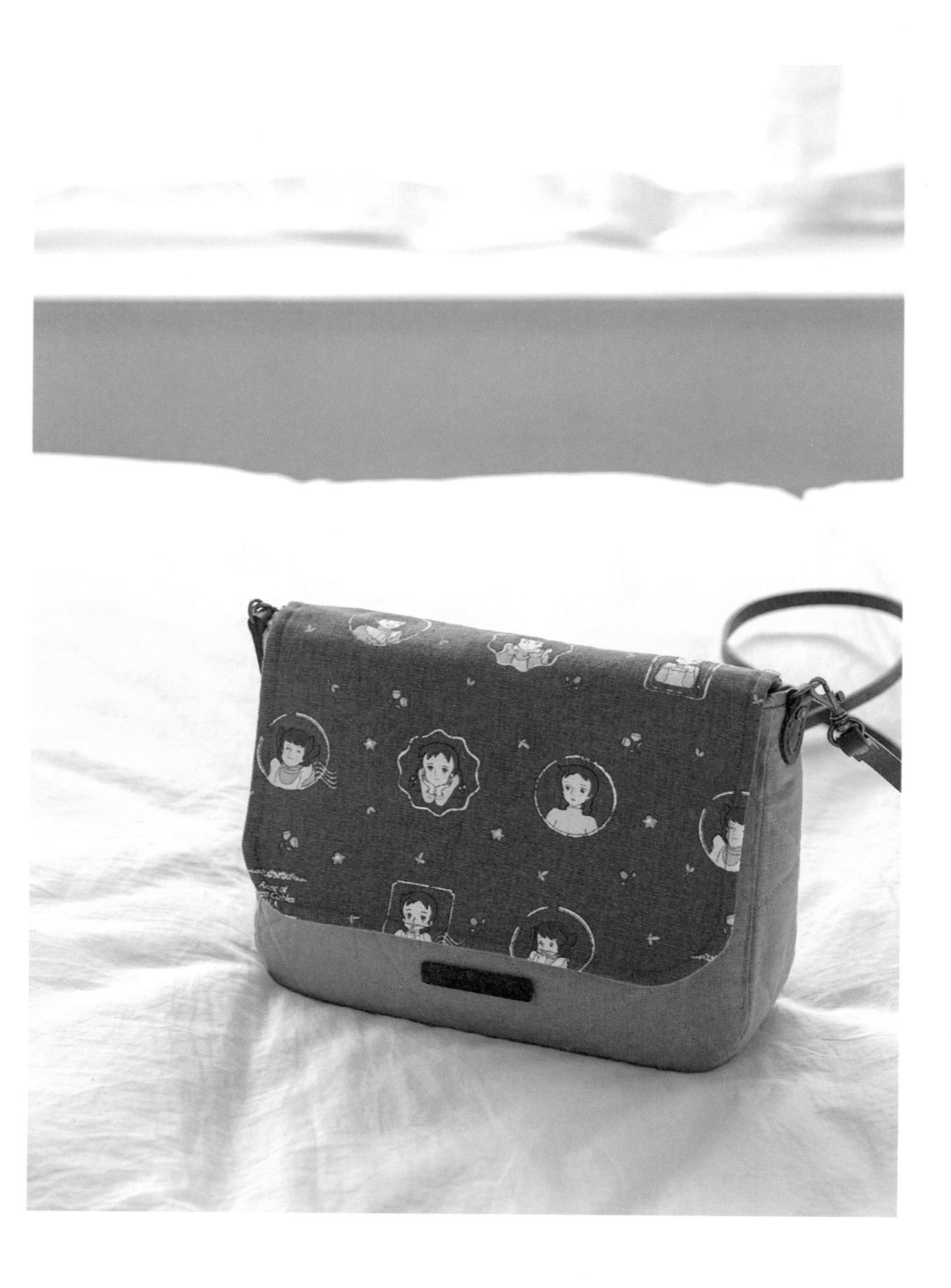

Ready

난이도 ★★★★☆

완성 사이즈 23*17.5*7cm

[준비물]

실물 패턴 D면

원단

접착솜(3~4온스)

크로스 가죽끈 1개

라벨 1개

자석단추 1개

D링 가죽고리 2개

가방 바닥재(17*6.5cm 생략 가능) 1개

[재단] 시접 포함

덮개 포인트 겉감(24.5*18.5cm) 1장

덮개 안쪽 겉감(24.5*18.5cm) 1장

뒷주머니 포인트 겉감(25*16cm) 1장

뒷주머니 안쪽 겉감(25*14cm) 1장

본판 겉감(25*19.5cm) 2장

본판 안감(25*19.5cm) 2장

옆면 겉감(56*9cm) 1장

옆면 안감(56*9cm) 1장

본판 접착솜(23*17.5cm) 2장

옆면 접착솜(54*7cm) 1장

덮개 접착솜(22.5*16.5cm) 1장

크로스 가죽끈(120cm) 1개(조절 가능)

[알아야 할 팁] 창구멍과 공그르기, 접착솜 붙이기 - 32~33p

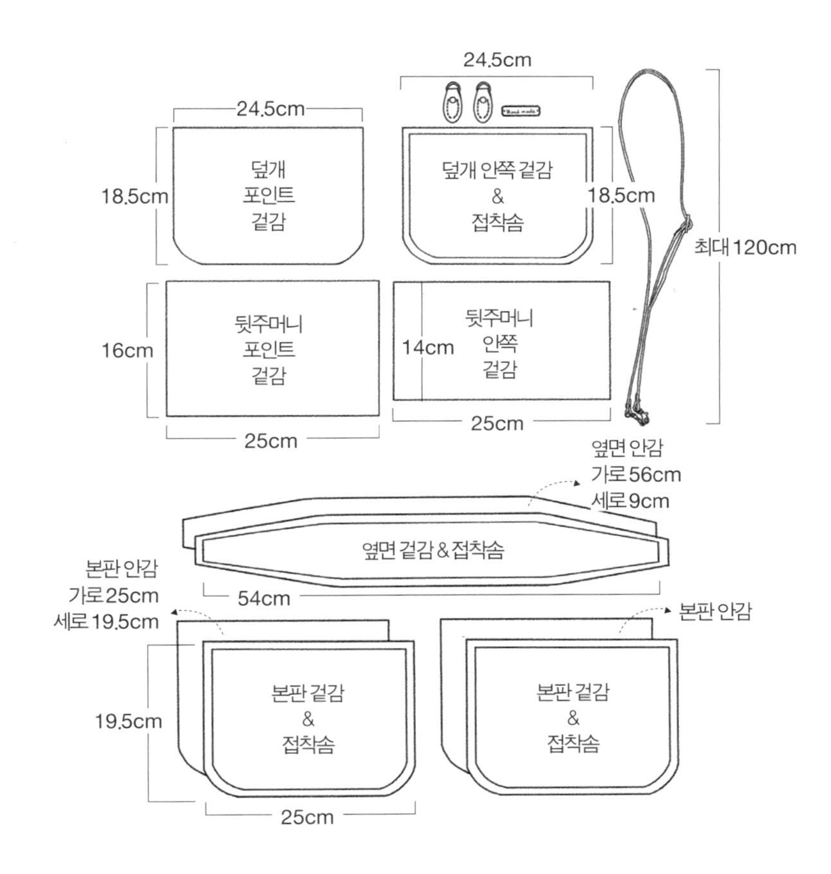

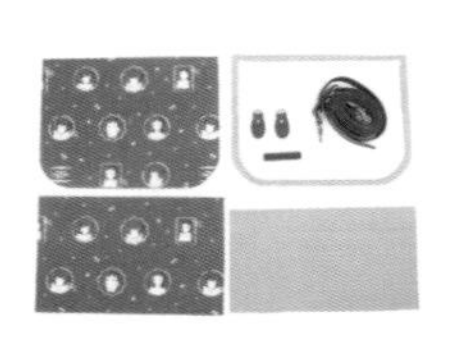

01 원단을 제시된 사이즈에 맞춰 재단하고, 덮개용 원단, 본판, 옆면에 접착솜을 붙인다.

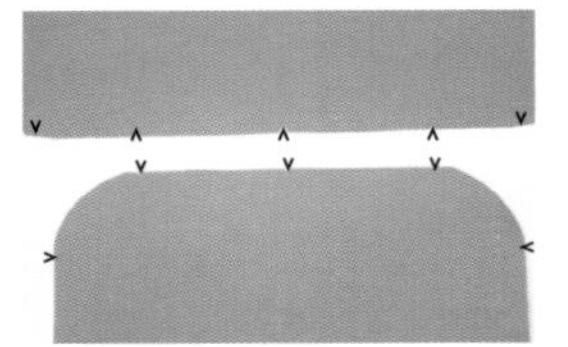

02 패턴에 v표시된 곳에 너치 표시를 한다.

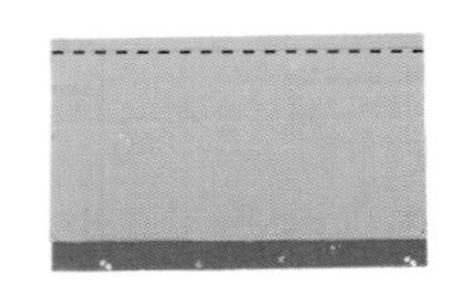

03 뒷주머니용 원단 2장을 겉면끼리 마주 닿게 놓고 위에서 1cm 내려온 선을 재봉한다.

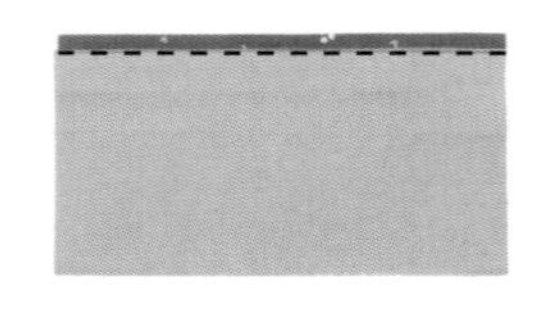

04 3을 펼친 후 다시 반 접고, 솔기의 약간 아래쪽에서 상침한다.

05 4를 겉감 본판2에 올려서 시접은 0.7cm를 두고 테두리를 재봉하여 고정한다. 밑면 모서리 부분은 본판에 맞춰 둥글게 자른다.

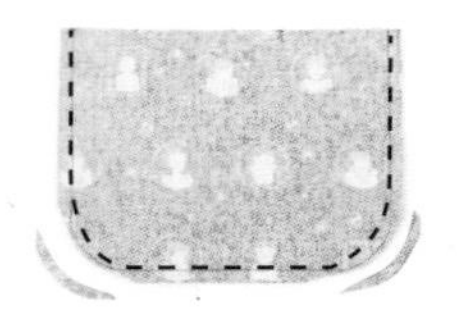

06 덮개용 원단 2장을 겉면끼리 마주 닿게 놓고 윗면을 제외한 옆면과 밑면을 ㄷ자로 재봉한다. 곡선 부분의 시접은 조금만 남기고 자르거나 가윗밥을 준다.

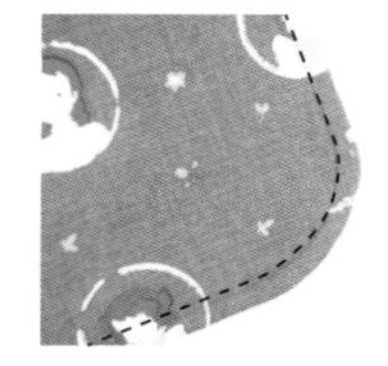

07 6을 뒤집어 다린 뒤, 0.7cm 띄우고 테두리를 상침한다.

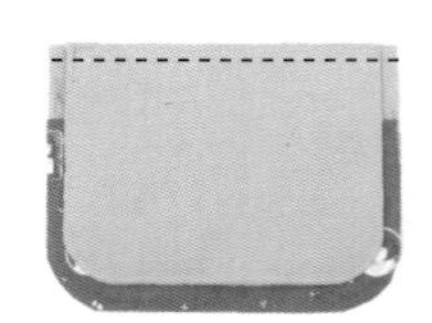

08 겉감 본판2와 덮개를 윗선에 맞추고, 겉면끼리 마주 닿게 놓은 후, 시접 0.7cm로 재봉하여 고정한다.

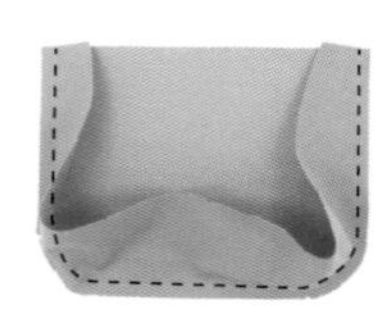

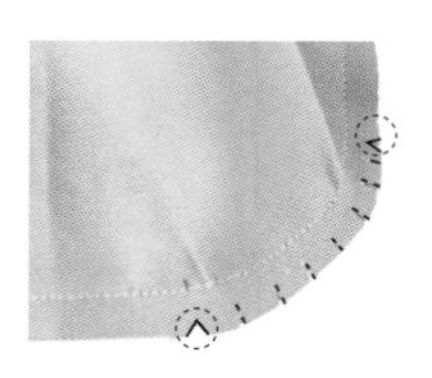

09 안감 본판1과 안감 옆면을 겉면끼리 마주 닿게 놓고 재봉한다. 곡선을 박을 때는 옆면에 가윗밥을 주고, 너치 표시해 준 곳을 맞춰 가면서 재봉한다.

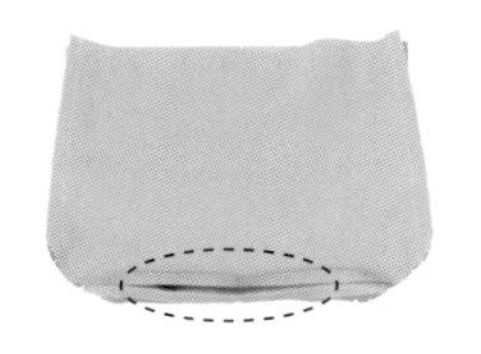

10 9와 안감 본판2를 앞과 마찬가지로 재봉한다. 이때, 밑면에서 15cm는 창구멍으로 남겨 둔다.

11 겉감도 안감과 마찬가지로 9~10 과정대로 본판 2장과 옆면을 재봉하여 가방 모양을 완성한다. 모든 시접은 0.3cm쯤 남기고 자르거나 가름솔로 갈라 다린다.

12 안 가방을 뒤집어서 겉가방 안에 넣고, 중점과 옆선을 잘 맞춰 입구를 한 바퀴 재봉한다. (서로 겉면끼리 맞닿는지 확인한다.)

TIP

안쪽 시접 부피 때문에 안 가방이 살짝 위로 나올 수 있는데, 그림처럼 나와 있는 채로 재봉하는 것이 나중에 더 예쁘다.

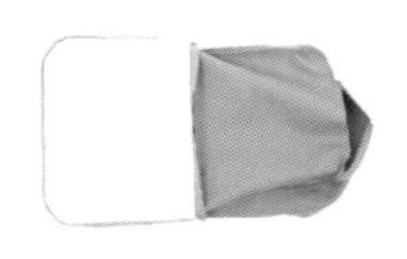

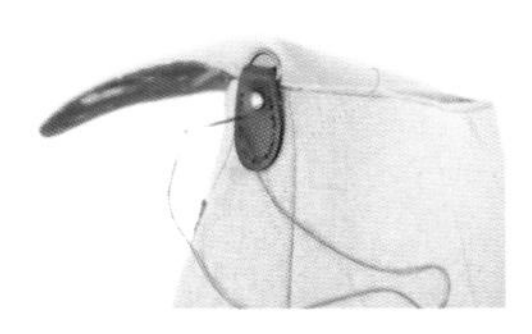

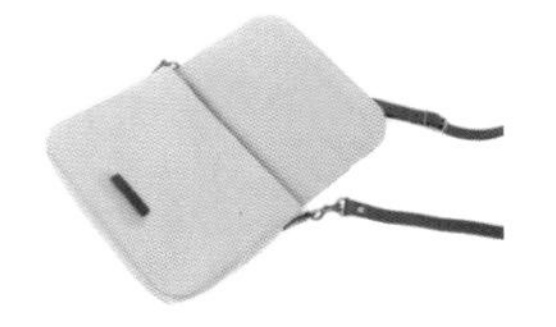

13 창구멍을 통해 가방을 뒤집고, 가방 바닥재를 넣는다. 바닥재가 없으면 생략해도 된다. 이후 창구멍을 공그르기로 막는다.

14 D링 가죽고리를 옆면 위에 단다. 라벨과 자석단추(덮개와 본판)도 손바느질로 달아 주고, 가방끈을 연결하면 완성이다.

완성 후 옆선을 따라 상침해 주면 모양이 고정되고 예쁘다.

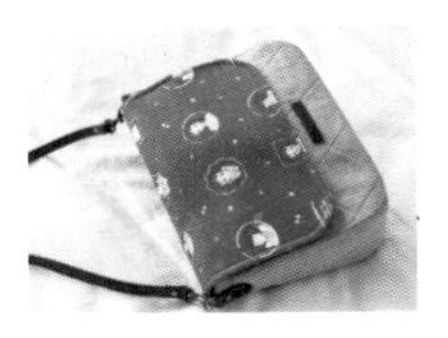

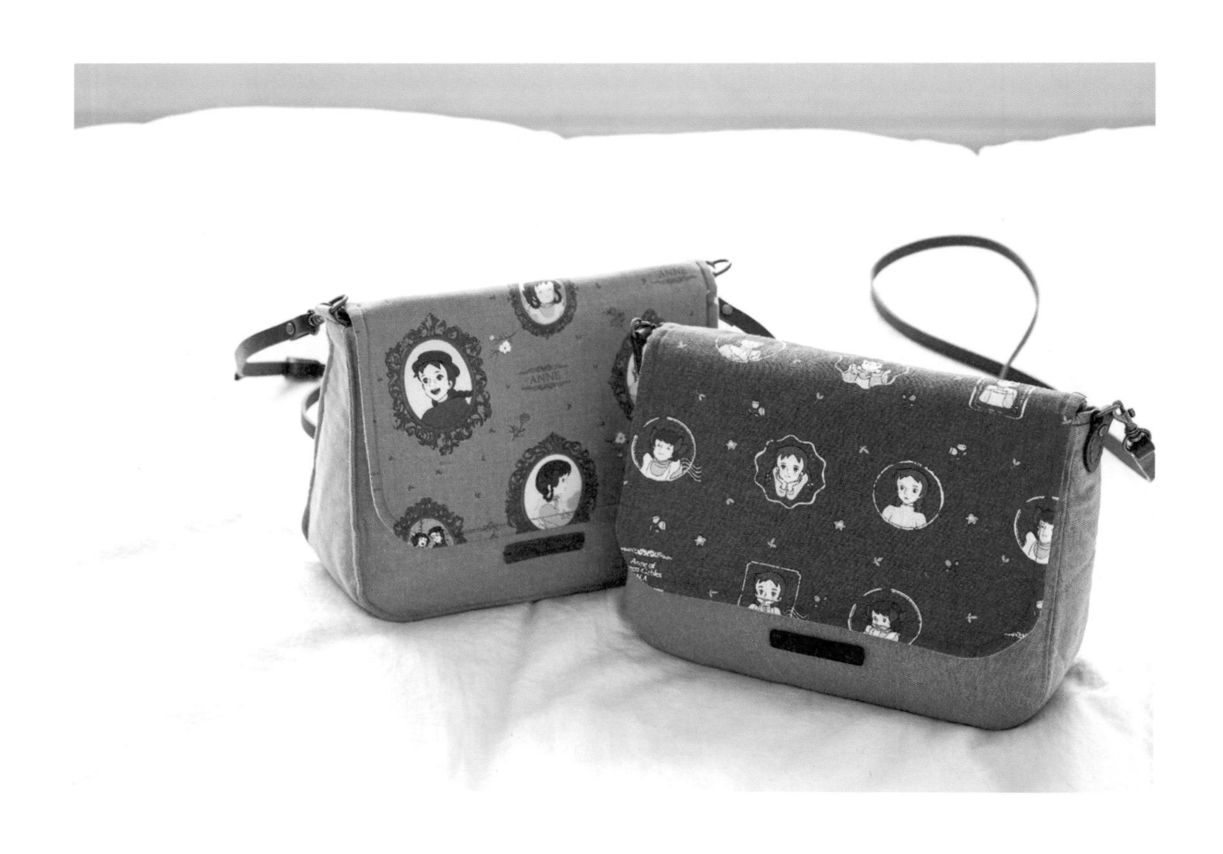
ANNE
ANNE

코코지니의
친절한 재봉틀 교실

초판 1쇄 발행 2019년 1월 25일
초판 6쇄 발행 2023년 10월 18일

지은이 유진희
펴낸이 이범상
펴낸곳 ㈜비전비엔피 · 이덴슬리벨

기획편집 이경원 차재호 정락정 김승희 박성아 신은정
디자인 최원영 허정수
사진 도트스튜디오 방문수
일러스트 송주영
마케팅 이성호 이병준
전자책 김성화 김희정 안상희
관리 이다정

주소 우) 04034 서울시 마포구 잔다리로7길 12 (서교동)
전화 02)338-2411 **팩스** 02)338-2413
홈페이지 www.visionbp.co.kr
이메일 visioncorea@naver.com
원고투고 editor@visionbp.co.kr
인스타그램 www.instagram.com/visioncorea
포스트 post.naver.com/visioncorea

등록번호 제2009-000096호

ISBN 979-11-88053-38-4 13590

· 값은 뒤표지에 있습니다.
· 파본이나 잘못된 책은 구입처에서 교환해 드립니다.